即使是在工作，我们也总会从一件事情跳到另一件。这些事情可能是查看即时消息或电子邮件、打电话、发信息、刷朋友圈、分享快照、阅读报纸、翻阅杂志、在电视上浏览频道、在流媒体上观看电影，或是打开冰箱、一上车就打开电台、忙各种杂事，或是强迫性地打扫房间、躺在床上看书、说些和此刻毫无关联的废话，这一切只是反映了不断困扰着我们的胡思乱想。

而所有这些以及更多消磨时间的常见方法——至少其中一些是维持生活和处理重要事务所必需的——也让我们永远无法专注于当下，保持完全清醒。

正如托马斯·默顿所说："让自己投身过多事物，想要帮助所有人做所有事，就是屈服于现代的暴力。"

U0132106

The Healing Power of Mindfulness

A New Way of Being

正念疗愈的力量

一种新的生活方式

〔美〕**乔恩·卡巴金**

（Jon Kabat-Zinn）

著

朱科铭 王佳 译

机械工业出版社

CHINA MACHINE PRESS

图书在版编目（CIP）数据

正念疗愈的力量：一种新的生活方式 /（美）乔恩·卡巴金（Jon Kabat-Zinn）著；朱科铭，王佳译 . —北京：机械工业出版社，2023.10

书名原文：The Healing Power of Mindfulness: A New Way of Being

ISBN 978-7-111-73987-6

Ⅰ. ①正…　Ⅱ. ①乔…　②朱…　③王…　Ⅲ. ①心理学 – 通俗读物
Ⅳ. ① B84-49

中国国家版本馆 CIP 数据核字（2023）第 193423 号

机械工业出版社（北京市百万庄大街 22 号　邮政编码 100037）
策划编辑：欧阳智　　　　　　责任编辑：欧阳智
责任校对：肖　琳　张　征　　责任印制：张　博
北京联兴盛业印刷股份有限公司印刷
2024 年 5 月第 1 版第 1 次印刷
130mm × 185mm · 9.5 印张 · 2 插页 · 162 千字
标准书号：ISBN 978-7-111-73987-6
定价：69.00 元

电话服务　　　　　　　网络服务

客服电话：010-88361066　机 工 官 网：www.cmpbook.com
　　　　　010-88379833　机 工 官 博：weibo.com/cmp1952
　　　　　010-68326294　金 书 网：www.golden-book.com
封底无防伪标均为盗版　　机工教育服务网：www.cmpedu.com

正念是一种智慧的、具有疗愈潜能的方法，它能帮助我们处理生活中发生在我们身上的事情。也许听起来不太可能，但它能包含我们中的任何一个人可能遇到的任何事情，即使面对极具挑战性的生活环境，或者处于生活灾难的余波中，正念的培养也给我们带来了具有深刻意义的希望。如果你愿意尝试，即便只是浅尝正式或非正式的冥想练习，看看会发生什么，你可能会惊讶于它的影响是多么广泛。

参加正念减压（mindfulness-based stress reduction，MBSR）课程的大部分人，以及那些通过其他途径冥想的人，都觉得这门课程不是别的，正是生活本身：面对和拥抱真实的生活，包括任何时候你可能需要处理的任何事情，这里我要强调"任何事情"。挑战，无论是作为练习还是一种存在方式，都和正念同在，是这样的：你将如何与当下的智慧相处，无论当下是什么样子的，包括那些偶尔出现需要我们面对的、所有烦人的、不受欢迎的、可怕的元素？有没有可能以一种全新的方式来对待生活并从中吸取教训呢？

用我自己的话讲，"疗愈"这个词最好的解释是接受现实。它并不意味着修复，也不意味着治愈，比如完全恢复到原来的状态，或者让任何有问题的东西消失。

接受现实的过程和实践意味着为自己去调查研究，无论你是否真正知道事情的真相或者你只是觉得自己知道，因此，当考虑到自己的处境并做出走哪条路的决定时，你会根据自己的描述错误地理解事情的现状。接受现实是我们所有人可能会重新定义并因此改变我们与真实事物关系的尝试，包括我们显然不知道事情将如何开展，甚至是下一刻即将发生的事情。这种内在的姿态开启了我们未曾想象过的无限可能。为什么呢？因为我们的思维模式是如此有限，它们被我们令人惊讶的未经检验的思维习惯所拖累。在这本书中，我们将一次又一次地、时时刻刻地彻底打破这些习惯，从而抓住当我们这样做时出现的机遇和时机。用德里克·沃尔科特（Derek Walcott）的话来说，就是你"站在自家门口迎接自己"的时候。

*

在我的旅行中，经常遇到一些人，他们主动告诉我，正念让他们的生活重新回到了自己身边。他们经常分享那些难以置信的糟糕的生活环境、事件或诊断故事，没有人会希望那些事情发生在自己身上。他们常这样说，"正念（或'练习'）把我的生命还给了我"，或"拯救了我的生命"。他们说这些话时常常流露出感激之情。当这种情感通过面对面、信件或电子邮件传递给我时，它听起来总是那么真实和独特，我有确切的感觉，这些表达绝没有被夸大。

有趣的是，每个长时间系统练习正念的人都遵循着她或他或他们自己独特的生活轨迹，同时，我们会在特定的时间进行正式练习（包括身体扫描、坐姿冥想、正念瑜伽和正念行走），正如《觉醒：在日常生活中练习正念》一书中所描述的那样。当然他们总是独树一帜地通过任何能够做到的方式将正念带入他们的日常生活。

下面是我最近收到的英国出版商发来的一封电子邮件，写信者在邮件中表达了这种感激之情，邮件的主题为"感激之词"。

尊敬的卡巴金教授：

我拜读过您所有的著作（有些还不止一次），我曾被诊断为末期食道癌，但幸存了下来，今天给您来信是想告诉您，正念冥想在我的康复道路上发挥着极为重要的作用。自我被（无情地）诊断至今已有五年，那年7月，医生告诉我："你可能只能坚持到圣诞节了。有些人会生存久一点，如果你有需要，可以打电话咨询疗养院。"

我的治疗经历伴随着很多错误，包括在进行根治性化疗和放射治疗时使用了错误的患者记录。由于过度治疗，导致了我的脊柱中有两根椎骨骨折。但到今天，2017年10月19日，是我在阿伯丁大学攻读正念硕士学位的第六周，我的梦想是获得导师资格，那样就可以在我们当地的癌症支持中心使用我从您的CD、音频和著作中学到的技术来帮助重症患者。当然，只有完全合格的自愿无偿服务提供者才被允许为患者服务。

您的《多舛的生命：正念疗愈帮你抚平压力、疼痛和创伤》(Full Catastrophe Living) 激励了我，和《正念：此刻是一枝花》(Wherever You Go, There You Are) 一起成为我人生最低谷时期的"圣经"。当下，我正在撰写学位课程的第一篇8000字论文，但被告知我的论文主题（"冥想疗愈"）不是理想的学术科研。所以我现在很迷茫，不知道您是否可以给我提供一些建议，我应该在哪里寻找灵感……

毫不夸张地说，阅读您的著作拯救了我的生命，我正在充分利用别人说的不可能的每一次机会。我试图实现我的这个梦想，去有效地帮助患者发现他们自己疗愈自己的能力，我非常感谢您的指导。请问如何才能更好地将这个课题做成一项学术研究？

诚挚的感激和温暖的问候

来自阿伯丁的玛格丽特·唐纳德

附言：我明年就要80岁了，所以分秒必争！

当然，我给玛格丽特回了信，鼓励她的观点比她的导师对学术研究的评价更加顺应医学学术的发展方向，并给了她一些支撑她的论文选题的科研文献，这些参考文献使用了诸如"冥想"和"疗愈"等关键词。

*

在不同的研究中，志愿者躺进大脑扫描仪，被告知什么也不用做，只是躺在那里，结果发现，位于前额中线下方的大脑皮层弥散区域的一个主要神经网络活动变得非常活跃。这个神经网络由许多不同的专门结构组成，被称为默认模式网络（default mode network，DMN），因为当我们躺在扫描仪里，被告知"什么都不用做"和"只是躺在那里"时，我们就会默认走神。猜猜这些走神会把我们带到哪里？没错……会带我们去思考最喜欢的话题——当然是"我"！我们会陷入对过去（我的过去）、未来（我的未来）、情绪（我的担忧、我的愤怒、我的沮丧）、各种生活环境（我的紧张、我的压力、我的成功、我的失败、这个国家怎么了、这个世界怎么了，还有"他们"怎么了）的思维叙事中……你肯定能理解我说的这些。

在多伦多大学开展的一项研究中，我们发现一个非常有趣的结果⊖，当人们完成八周的 MBSR 训练时，躺在扫描仪中的受试者的 DMN 活跃度下降了，另外一个更靠近外侧（头部侧面）的大脑神经网络则变得更加活跃。这第二个网络被称为体验式神经网络（experiential network）。当问及他们在扫描仪内的经历时，接受了八周 MBSR 训练的受试者报告说，当他们躺在那里的时候，他们只是躺在那里，只是呼吸，只是觉知他们的身体、他们的思想、他们的感觉和声音。

也许，至少可以比喻地说（仍需大量研究来证实），正念练习将默认模式从无觉知（也可以称为不够正念）的自我关注、心不在焉、叙事建构（narrative building）和走神沉思转变成活在当下、更加正念、更加觉知，保持思维

⊖　Farb et al, 2007. Attending to the present: mindfulness meditation reveals distinct neural modes of self-reference. *Social Cognitive and Affective Neuroscience* 2(2007): 313-322.

和情绪持续涌动。

这项研究表明，参加八周 MBSR 后，这两个网络（叙事与经验）会分离开来，当然，这两个网络仍在继续正常运作，毕竟偶尔做白日梦对发展创造力和想象力是很重要的。○同时，对区分你的过去、现在和想象中的未来也非常重要，正如本书第五章中关于我父亲的故事所展示的那样。但是经过八周的正念练习，可能是因为位于大脑皮层的经验性的、不受时间控制的侧脑（神经）网络活动，以某种方式对脑中线的默认模式神经网络进行了调节，这样在任何时刻都可能会有更大的智慧和选择的自由，而不是自我在隐性叙事时单纯的自动性和习惯性，这个自我非常小，小到无法接近当下那个完整、真正的你。

*

自《正念的感官觉醒》(*Coming to Our Senses*) 这本书首次问世以来的 13 年，正念科学及其临床疗效的证据已经呈现爆炸式的增长。其中，有研究发现，练习正念的

○ 走神和白日梦的定义是不同的。走神发生在完成特定任务的过程中，比如阅读或冥想，当你尝试保持专注时；而白日梦则定义为发生在你不需要专注完成某项任务之时。

人各处大脑结构的大小和厚度发生了变化，同时大脑许多不同区域之间功能上的连接也增强了。还有研究表明，我们染色体表面上的基因表达发生了变化——这被称为"表观遗传效应"。更有研究显示端粒长度也发生了变化，而端粒长度是衡量我们生活压力影响的生物学指标，尤其是当出现巨大压力时。这些研究积累了大量的证据，每年都有数百项证据陆续出现，这些证据表明正念练习可能会对我们的生物学、心理学层面，甚至对我们与他人交流的方式、我们的社会心理学层面产生重大影响。虽然关于冥想的科学研究仍处于起步阶段，但它已经比2005年时的状况成熟了很多。如果你对那些强有力的证据很感兴趣，会发现其中很多研究，一部分是通过数千万小时的冥想练习来学习寺庙文化，另一部分则来自MBSR和MBCT（正念认知疗法）的课程训练。我建议你阅读2017年10月出版的《新情商》（*Altered Traits*），该书总结了许多最好和最精心设计的研究及其结果。由于这个领域现在变得如此广阔，发展如此迅速，我在这本书中没有赘述研究，有些只是在文中顺便提及。如果你自己有兴趣探索这一飞速发展领域最前沿的信息，本书"相关阅读"部分列出了与这一主题相关的一系列最新的优秀图书，主要由科学家编写，供非专业领域的读者阅读，同时还包含了一些针对更加专业的科学界和医学界读者的学术论文集。

*

　　当我们将正式的冥想练习延伸到日常生活中时，生活本身就是我们最好的正念老师。它还提供了完美的治疗课程，从你所在的地方开始。预测是很好的：如果你全身心地投入实践，用好为你而开启的每一扇门及根据你所处的环境而获得的各种途径，你也可以从这种新的存在方式中受益。任何情况下，无论多么不想要或痛苦，它都可能是一扇通往治愈的大门。在正念的世界里，作为一种修行和存在的方式，有很多很多扇门，所有这些门都通向同一间房间，一间觉知的房间，一间你的心所驻留的房间，一间由你自己内在完整和美丽构成的房间。即使在最艰难的情况下，这种完美已经伴随着你，已经属于你，并连同你内在的觉醒能力，成就你的智慧。

　　正念减压疗法课程的参与者很快就发现正念的常规练习涉及生活方式的重大改变，尽管他们在参加之前总是被告知这一点，但当我们尝试着每天都通过遵守严格的纪律，尽己所能全心全意地来进行日常正式的正念练习时，很快发现我们对于如何选择在生活中令人讨厌的或可怕的事情有着很高的自由度，且在这个过程中，我们不必否认这些事情有多么令人讨厌和害怕。正念作为一种正式的冥想练习和存在方式，通过正念本身的培养，发现我们拥有强大的内在资源，可以利用这些资源来面对不想要的东西、压力、痛苦或恐惧。我们知道我们有无数的机会去面对所发生的任何事情并与之成为朋友，而不是逃避或隔离——可以这么说，铺出欢迎的地毯。为什么？原因很简单，这些该发生的事情已经发生了。同样的道理也适用于那些想要的、愉快的、诱人的事情，以及各种各样的纠葛，这些经历都可以成为我们关注的对象，这样我们可能就会对它们关注得少点儿，更不会对它们上瘾，否则过于关注或上瘾将会对我们和他人造成伤害，或使我们偏离自己更加宏伟的目标与志愿。

这便是正念发挥作用的地方，确实是一种新的生存方式……一种与当下事物连接的新方式，不管我们是否喜欢自己所处的环境，也不管我们认为这些环境可能预示着将来会有何意义。关键时刻，通过修行本身，我们可以探索并学会容忍"不知"，在"不知"中安然度过（变得无所谓），至少现在是这样。对了知我们的无知渐渐变得习惯，甚至感到自在，这本身就是一种深刻的、具有疗愈作用的智慧。它将我们从极端局限或大部分不准确的叙述中解放出来，我们从不厌倦地告诉自己这些叙述往往基于恐惧，但很少审视它们是否真实，或者对于我们所处的环境来说是否应该真实——大多数含有"应该"这个词的思想都属于这一类。我们认为事情应该有一个特定的方式，但这是真的吗？

　　这种新的存在方式让你对自己和世界的看法发生了微小的转变。无论它多么渺小，它都是巨大的、深刻的，甚至可能是一种解放，就像写了上述邮件的玛格丽特·唐纳德一样。当人们常常带着强烈的情感，谈到正念练习把自己的生命交还给了自己或拯救了自己时，我怀疑他们指的是这种微小的转变，但它不仅仅是微小的转变，而是一种新的存在方式。

　　有了持续的照料、温柔、抚育（这是本系列第二本书《觉醒：在日常生活中练习正念》中详细描述的正式和非正式正念练习的内容），我们现在可以进入正念并将正念作为一种存在方式。如果正念是一颗多面的钻石，那么每一章都可以被认为是那颗钻石潜在的无限个独特层面中的一个，每一个都是进入你自己的完整和美丽的晶格结构的大门，就像你现在这样。

　　或者，换一种比喻，我们可以说正念为我们提供了一组精心制作的镜头，通过它，我们可以用不同的方式来深入观察生活中出现的任何东西——想要的或不想要的——每一刻都要重新振作，对所有的一切铺出欢迎的地毯。在第二部分中，我将提供各种不同的视角和情况，其中许多源于我自己的经验。但是，如果你全身心地投入正念的培养，就会有无数的正念从你的生活和正念的培养过程中流淌出来，就像做一次实验，看看自己会发现什么。

最终，通过这些镜头中的一个或多个，也许你会像本书最后一章所建议的那样，利用自己独特的生活环境和挑战，站在自家门口迎接自己，从而认识、恢复并展现出你原本的充实和美丽。这只能一步步地展现出来，尤其是如果你选择在你或我们任何人独有的时刻，把它当作真正重要的事情来过你的生活。

正如我们经常提醒那些来减压门诊接受 MBSR 训练的患者那样，"只要你还在呼吸，你身上'对'的地方就总比'不对'的地方多，无论'不对'的是什么。"培养正念是一种以关注、觉知和接受的形式去把你的能量注入适合你以及对你来说已经是完整的事物中；它是对那些对你有帮助和支持作用的任何事物或你可能正在接受或需要的治疗的补充，而非替代。如果你需要其中的任何事物（如果你真的需要什么），让我们来看看会发生什么。

我祝你在这一生的冒险中一切顺利。

乔恩·卡巴金

马萨诸塞州，北安普敦市

2018 年 5 月 16 日

目 录

第一部分 /

疗愈的可能性：
精神和身体领域

每个人都应该知道，无论欢愉、幸福、欢笑、幽默，抑或悲伤、痛苦、哀愁、泪水，都源于且唯一源于我们的大脑。只有通过大脑，我们才能去想、去看、去听，并分辨美与丑、善与恶、愉快与不愉快……同样，也只有大脑才能使我们感受到愤怒或发狂，产生担心和恐惧，造成昼夜辗转难眠，犯一些不合时宜的错误，遭受不知缘由的焦虑并变得心不在焉，甚至产生反常行为。我们遭受的这些痛苦都来自大脑，当大脑不健康，或者受到一些异常刺激时，它便会变得异常，或热或冷，或湿或干。大脑在受潮"进水"时发生异动，并导致了视觉和听觉的恍惚不定，令我们时而看到或听到一件事，时而又仿佛看到或听到另一件事，嘴巴则会不自觉地将我们看到和听到的东西，不分场合地说出来。相反，如若能保持大脑冷静，我们便能正常思考。

——希波克拉底，公元前 5 世纪

摘自《神经科学原理》(第 2 版)，1985 年

第一章

感知觉能力

所谓"感知觉能力"（sentient），有两层含义：第一，外在感官知觉和内在自我意识；第二，生理感觉或心理体验［拉丁语"sentire"的现在分词，指的是去感知，去感觉。该词根的意思含有前往、将要离开（如思想上的启程）］。

——《美国传统英语词典》

不知你是否注意到：你的一切皆是完美的，恰如万物皆是完美的一般？请思考以下这些时刻：与众人一样，你出生、生长发育、长大成人、开始独立地生活、做自己的抉择，那些该发生在你身上的事不论好坏都发生了；假如你的生命没有被意外地缩短，或者即使它缩短了，你最终也完成了力所能及之事；你完成了自己的工作，以这样或那样的方式做出了贡献，并留下了遗赠；你与他人和世界建立了关系，也许你已经品尝或沐浴在爱中，并与世界分享着你的爱……可无情的是，你会无可避免地衰老。如果幸运的话，你会经历变老——更加注重自我心智的健全与完善——不断通过各种方式与他人及这个世界分享你的存在的过程，不论是否令人满意。直到最终，你通过死亡告别这个世界。

这是世人的宿命，终会发生在你我身上，也是人类共同的处境。

然而，这并不是事实的全部。

我刚刚粗略描绘的人生全景图，虽然其本意并不包含夸张的成分，但遗憾的是：它的确很不完整。因为还有另一个无形的要素，与我们的生命共存，并对它的发展至关重要，交织于我们每时每刻的生活中，它是如此明显，以至于我们几乎从未对它有过片刻思考。同样，正是这种要素不仅让我们成为现在的自己，还赋予了我们巨大的能力，然而我们很少感觉到这种要素的存在，更不用说以此为荣和充分发挥它了。当然，我这里提到的要素指的是关于意识、感知和认知能力，以及我们的知觉和主观经验等。

毕竟，我们把自己的属和种名命名为"智人属"和"智人种"（Homo sapiens sapiens，此处连用两次"sapere"

的现在分词，意在充分表达作为人应当努力去体验、感知、了解，并使自己变得睿智），其含义已经非常明显。我们认为人类有别于其他物种的最大特征就是：我们在感知、了知和觉知我们的认知过程时比其他物种更加智慧。在日常生活中，我们却将这一特征认为是理所当然的，往往会熟视无睹，最多对它有些模糊和粗浅的认识。虽然事实上，感知觉能力在我们清醒和睡梦中的每一刻都决定着我们是谁，但我们没有最大程度地利用好这种能力。

正是这种感知觉能力赋予了我们生命。它是一个终极奥秘，使我们不仅仅是会思考、有感觉的机械装置（人），而且是感知者，就像所有的普适性生命一样。但我们除了具备纯粹的感知能力，还具有辨别和鉴赏事物的智慧，这可能是人类在这个小小的世界上拥有的独一无二的天赋。我们的感知觉能力决定了我们所具有的可能性，但绝没有清楚限定这种可能性的范围。人类是自我成长的物种，是终身学习的生命体，并因此不断改造着自身和世界。

目前，神经科学家已经对大脑和思维了解甚多，且对其的了解仍在日益加深。然而，他们一点也不清楚感知觉能力是什么及其产生的原因是什么——这是一个巨大的难题，一个似乎深不可测的谜。如我们所言、所知，纷繁芜杂的物质将世界围于我们的"认知"，由此产生出了思维和意识，而我们却看不到该过程的来龙去脉，这在认知神经科学中，是一个公认的"难题"。

生理上，肉眼将外在的世界以二维图像倒映在视网膜后方是一回事，而我们能看见，能够对"外在的"世界产生一份生动形象的三维感知则是另外一回事。我们的思维和意识所感知和认识到的世界貌似是真实的：我们能够感受到世界的存在，能够在其中生活，而且是有意识的，甚至闭上眼睛，脑海里也能清晰地浮现出它的每个细节。某种意义上，在这种思维和意识对外界的再现中，我们似乎扮演了不同的角色：时而是一名预言者，正在看着和感知着将要被看到的事物；时而是一名认知者，正在了知当下将要被认知的事物，至少在一定程度上是这样。然而，这一切都是幻觉，是思维建构出来的，本质上是虚构的，来自一个由感官输入合成的世界，至少在一定程度上是通过大脑复杂的神经网络，或者说是整个神经系统，甚至是整个身体对海量感官信息进行加工处理后合成的产物。这种对外界事物的感知觉能力是人类的一项非凡成就，是我们每个人身上非凡而卓越的天赋。虽说常被视为理所当然，但蕴藏着巨大的奥秘。

弗朗西斯·克里克爵士是著名的神经生物学家，也是DNA双螺旋结构的发现者之一，他发现，"……尽管我们在心理学、生理学、视觉的分子和细胞生物学方面做了很多的研究工作，但始终没弄清我们是如何看见事物的。"

蓝色（或任何其他颜色）既不存在于使它显现出特定波长光线的光子中，也不存在于眼睛或大脑的任何地方。然而，在万里无云的日子里，我们仰望天空，便知道天是蓝色的。如果我们都不清楚自己是如何看见事物的，那就更别指望从生理学的角度弄懂我们是如何去感知事物的了。

语言学家和进化神经心理学家史蒂芬·平克在他的著作《心智探奇》（*How the Mind Works*）一书中写道，感知觉作为一种独特的现象，自成一类：

在心智研究中，感知觉单独存在于一个平面，且该平面远远高于生理学和神经科学的因果链……我们不能把感知觉排除在我们的话语之外或简单地将其还原为对信息的获取。因为道德推理依赖它而存在。感知觉的概念使我们确定：导致他人痛苦折磨是错误的、不道德的，弄坏机器人只是损毁财物，但使人致残则是谋杀。因此，亲人的离世不只会让我们因失去他而陷入自怜，更会因我们了知他的思想和快乐随之永远消失而莫名痛苦。

然而克里克在回答感知觉究竟是什么时，他断言：无论是感知觉，还是"自我"相关的脑海里假想出的行为的决策者（小矮人），从本质上讲它们都是神经元活动的产物，是基于大脑结构和功能而产生的现象，类同于人的其他特质、现象或经验。感觉和意识的产生并非因为什么

"小矮人"在运作，而是神经电和神经化学脉冲的结果：

> 大多数人脑海里常常会浮现出这样一个画面：有一个"小矮人"（不论男女）存在于我们大脑的某个地方正在紧跟（或者至少努力想跟上）周围正在发生的事情（即小矮人正在试图模仿大脑正在进行的活动）。我称其为"小矮人谬误"（Fallacy of the Homunculus）（homunculus 在拉丁语中的意思是"小矮人"）。很多人确实有这种感觉（但在某些时候，这种感觉本身是无法解释的），但是我们在《惊人的假说》（The Astonishing Hypothesis）一书中解释过，事实并不是这么回事，简单地说："所有这些感知都是由神经元完成的……"大脑里肯定有产生感知觉的相应的结构及其运转机制，且以某种不明的方式在起作用，某种程度上就像关于小矮人的画面中所描述的方式一样。

> 对此，哲学家约翰·塞尔（John Searle）回应道："究竟物质性、客观性、可定量描述的神经元放电如何能够产生定性的、个人性的、主观的体验？"这在机器人技术领域是一个巨大的挑战。如何让机器在需要割草的时候割草？或者看到干净的盘子就知道要摆放整齐？这些都是该领域研究人员正试图解决的问题，上述这些我们认为不假思索就可以做的事情对于机器人来说却异常困难。除此之外，正如我们所看到的，在人工智能（artificial

intelligence，AI）的爆炸式发展中，由我们设计的机器正在设计和建造（或至少协助建造）新一代机器（人）。随着每一次迭代更新，新设计的机器复杂性更高，且在其运转期间具备了"学习"能力。在某种程度上，这些机器（人）开始拥有视觉和感觉——如同这些机器（人）自己有了知觉并具备真实的思考能力一样。而这些能力的具备是通过集成电路而非神经元来实现的，但都是一样的，至少看上去都让我们觉得它们是在模仿或模拟人类的行为、智慧和情感，而且模仿得很像。当然，目前还有一种可能性无法完全排除：在某种意义上，我们如同一部精密的信号接收器，通过神经元接收到了来自超越自我的更高维度的信息，即心智——这反映了宇宙的本质属性。

我们当前的挑战不是要死钻牛角尖，厘清现有的关于感知觉的各种不同解释，也不是要理顺关于感知觉的所有富有争议的科学和哲学观点。即便这种对感知觉的探究和追问及对其相关科学和哲学领域（认知神经科学、现象学、人工智能和所谓的神经现象学）的研究着实令人着迷。相反，我们面临的挑战更基本，也更接近我们自身，即把感知觉当作人的本质属性，并思考开发这种非凡的了知能力是否对我们个人和全人类有所裨益。当然，其中最为显著和重要的认知能力则包含了任何条件下都了知我们自己的无知。了知我们不知道什么，与我们获知的其他任何事物一样重要，甚至更重要。这方面的讨论涉及洞察力和智慧的领域，可以说，这是人类的精髓。

在心理学家基于正念认知疗法的静修营培训结束时，一位成天专门与他人及他们的思想和情绪打交道的治疗师说道："我把自己与周围的人们隔离开来了，但我压根不知道……我竟然没意识到这一点。"

我们的生活方式常常受限于习惯及周围的条件。我们全然没有觉知，正是这些习惯与条件决定了我们此时此刻的状态、我们所做的选择、我们的经历及我们对这一切的情感反应。尽管我们认为自己这样做时，我们知道得很多，或者应该知道得更多，然而这些想法恰恰只表明我们的思维具有一些真实的局限性。

但令人惊讶的是，觉知本身、整体感知和多元智能领域，不断地让我们对抗这些约束条件，并拓展我们对事物的感知，从而使我们能够与外界进行更多的接触，通过我们的能力真正理解神经科学家安东尼奥·达马西奥所说的"感受发生的一切"。

感知觉能力与我们密不可分，觉知作为我们的本性也存在于这种本性中。它存在于我们的身体中，也存在于我们的物种中，可以说，就像中国西藏人理解的那样——认知，或者叫非概念性的了知属性，是我们称之为心灵的本质。此外，还有空性和无界性，被藏传佛教认为是对感知觉核心要义的有益补充。

　　觉知的能力似乎是我们与生俱来的。我们无法阻止自己去感知，同时也因觉知的存在而有别于其他物种，尽管觉知源于人类的生物学基础，但它远远超出了生物学的范畴。这就是我们到底是什么？是谁？然而，如果没有受过良好的教育和接受精益精良的教养，我们即便通过某些方式去保护这份感知觉能力，它也只能像被藤蔓和灌木丛覆盖住生长一般，滞留在不毛之地，处于虚弱无力和发育不良的状态。从某种意义上说这种状态下的感知觉能力仅仅是一种潜力，当我们试图突破利己的思想限制去认知时，就会变得相当麻木、漠然，更多的时间处于昏昏欲睡而非清醒的状态。该认知过程包括：意识到一切利己的思想，从而了知这些想法的局限性，以及在这些想法产生时就能辨识出它们实际上是愚蠢的。经过教养和强化的感知觉能力点亮了我们的生活，照亮了世界，赋予了我们难以想象的自由度，尽管想象本身就是来源于我们的感知觉能力。

　　此外，感知觉能力还赋予了我们一种智慧。开发这种能力，可帮助我们更好地掌控自己，消除那些有意或无意造成伤害的倾向；甚至可以抚慰创伤，尊重天下有情众生的主权和尊严。

第二章

与自我无关？但是，拜托……
那我们还是我们眼中的自己吗

生而为人的真正意义在于获得自我解脱的
方式与意识。

——阿尔伯特·爱因斯坦

作为生物专业的学生，我们被灌输了这样的观念（这是高等教育中常见的隐喻之一）：生命遵循着各种物理和化学法则。生物所展现出的现象只不过是这类自然法则的延伸，而生命是复杂的，其分子远比自然界较为简单的原子和无生命物质的分子结构更为精妙，并与其他生命分子相互作用形成一种更加动态的关系。我们没有理由怀疑是某些额外的特殊的生命力或"活力""激活"了整个生命体系；也就是说，除了一些极为敏感的条件巧妙混搭，使得构成生命系统的组成成分和结构以某种协调统一的方式运作，从而让生机盎然、不断生长、分裂的细胞展现出特有的全部属性，就没什么特别的了。引申开来，同样的原则也适用于由日益复杂的生物（包含动物和植物界）构成的整个生命网，包括哺乳动物中演化出的越来越复杂的神经系统和人类的适时出现。

换句话说，这种观点证实：即使针对单个细胞，或像细菌一样"简单"的单细胞生物，我们虽不能完全理解这些我们称之为"生命"的物体，但并不代表我们不能创造生命。事实上，在2010年，有一种完全人工合成的细菌诞生了。此前在另一项类似的突破性研究中，研究人员从零开始，仅凭借一些化学物质和从互联网上获得的病毒的遗传序列就人工合成了脊髓灰质炎病毒。这种病毒一合成后便被科学实验证明具有传染性且能够在活细胞中复制和制造更多的病毒，这表明新生命的产生并不需要"额外"活力的参与，当然，此项科学技术背后所涉及的伦理问题则存在着极大的争议。

该观点认为没有"额外的"非物质性的活力元素参与到生命系统的组成之中，而这一论点已成为生物学领域备受推崇的、坚不可摧的学术理论体系，用于对抗曾经所谓的活力论。传统的活力论认为需要某种特殊的能量去揭示生命本身独具的特性，而非依靠那些耗时较长，可以用物理、化学、生物学和自然选择等理论来解释的自然过程，而感知能力就是这种特殊的能量之一。活力论被认为是神秘、非理性、反科学和错误的，从历史记载来看，活力论自始至终是错的，但这并不意味着一个还原论者和纯粹的唯物主义者视角一定是对的，通过科学探究来探索和理解生命奥秘的方式多种多样，这些方式通常顾及并尊重更高阶的现象及它们的发展特性。

从生物学的角度来看，包括我们人类在内的生命体系最为基础的部分就是客观机制，此外别无他物。这一客观机制认为，先出现了更为宏大的宇宙以及其中的所有有序结构和演化进程，随后才出现了生命本身。也许，大约30亿年前的某个时间点，当年轻的地球具备了合适的条件，生物分子便在温暖的水塘和海洋中，历经千百万年的时光，通过无机物质的自然合成，在闪电、黏土及其他无生命微环境的催化下应运而生。那时，年轻的地球刚刚由新生恒星——太阳周围的星际尘埃云形成不久，这些尘埃是早期星球重力坍缩产生的，该过程中产生的原子，即氢原子以外的其他微粒元素，构成了我们的身体，造就了这个星球上的一切。如果时间充裕，上述各种元素就会在化学法则下相互作用，形成基本的多聚核苷酸链（DNA和RNA的基本成分）和具有特殊性质的氨基酸。

多聚核苷酸链的性质决定了它们拥有通过四个碱基构成的核苷酸序列存储大量信息的能力，并通过碱基互补配对的原则高度精确地自我复制来保存序列承载的遗传信息，最后在不同的条件下发生细微变化，从而产生变异，称为突变。这些突变在自然资源竞争中极少具有选择性优势，多聚核苷酸链上的这个信息将被翻译成线性的氨基酸序列，当其折叠后便形成了有功能的蛋白质——细胞功能的主要执行者。当其作为细胞内成千上万的化学反应的主要功能分子时，这些蛋白质被称为酶；但当其作为构成细胞的大量关键性基本结构材料时，它们则被称为结构蛋白质。

我们仍然不知道上述这些原子、分子和蛋白质最初是如何形成有结构的细胞的，哪怕是那种很原始的细胞，但是从生物学角度而言，这个问题其实是可以解释，也很有必要探究。若要更好地理解生命的起源，则需对这类分子组成的复杂系统有更深入的理解和见解，这类分子只有功能而没有活力，能在合适的条件下与其他类似的分子协同作用，产生意想不到的新现象。其中，比较重要的作用包含稳定、储存和提取信息并调节信息流动传递。从这一层面来看，生命是宇宙进化的自然延伸——在恒星和行星出现之初，就已经为以化学为基础的生命体系的产生提供了必要条件。意识萌生于生命体系之内，遵循着相同的物理和化学法则，一旦条件合适，时间充裕，又有合适的选择压力，这类复杂事物便会产生。因此，虽然听起来很荒谬，但意识同样来源于缺乏驱动力和目的性的生物进化过程，可视为一种自然现象，毫无神秘性可言。

　　假设意识（至少是基于化学的意识）——在合适的初始条件和充裕的时间下，产生于不断进化的宇宙中并被赋予了潜在的可能性甚至既定性。也可以说，就像我们已经意识到的，生命有机体所具有的意识实际上是宇宙了知自己、看见自己乃至理解自己的一种途径。可以说在浩瀚宇宙的广袤空间，在我们生活的这片土地（地球）及其周围的领域，人类荣获了感知觉能力这份天赋。虽然构成我们身体、行星甚至所有恒星的物质似乎仅占宇宙所有物质和能量的极小部分，但是与浩瀚宇宙中我们栖息的这个渺小星球上的其他物种相比，我们获得的天赋显然更多。[⊖]从这一观点来看，我们是否拥有意识纯属偶然，并不是因为我们身上具备独特的道德美德。也有奇妙的观点认为，是树栖灵长类物种面临的进化选择压力导致了这一选择，某些灵长类动物在迁徙至热带草原后通过进化可以直立行走，解放了双臂和双手，给大脑带来一系列更多的挑战。当然，它们就是我们的祖先了。

　　⊖　事实上，宇宙论者认为宇宙由将近30%的"暗物质"组成，这些"暗物质"也许深藏于黑洞之中，另外65%为"暗能量"，可能是造成反地心引力的宇宙加速膨胀的主要的力量，这种力量渗透于宇宙的各个方面。

如何理解我们与生俱来的感知觉能力？我们个人及整个种族群体又是如何运用这一能力的呢？这显然是我们当下的决定性问题。值得强调的是，生命体的本质从生物学角度而言是一种客观存在。因为该观点明确指出生命的演化在本质上并没有什么神秘空间。虽然意识的潜能一直以来都蓄而不发，尚未显现，但通常人们还是认为它不能主导生命的演化过程，而是源于这一过程。因此，意识一旦出现并得到培养，便会对生命的各个方面产生深远影响，要么影响我们抉择如何生存，何处集中精力；要么影响我们对自己对所居住世界的认知。感知觉能力的产生不是一种必然，只有在合适的动机和条件下才能形成，如果事实并非如此，我们也就不会试图去解释某些场合下它的缺失了。

生命无比复杂，假设我们人类是在遵循了物理和化学法则的客观动机和条件下产生的，且幕后没有"活力"操纵，我们便能理解那些反活力论者，尤其是生物学领域，为何会得出没有灵魂这种东西的结论了。灵魂是有感知觉能力的生物的活力中心，它的确遵循着一些自然法则，但绝不是物理和化学法则。17世纪时笛卡尔曾宣称灵魂的位置应该处于大脑深处的松果体，现代神经学家却说松果体的确功能强大，但绝不会产生灵魂，因为我们没有任何理由去假想出一种长久存在的实体或非物质的能力，想象它通过某种方式存在于或连接着有机体并引导其生命的轨迹。但这并不意味着生命和感知觉能力就摆脱了深奥神秘。也许正因如此，我们才看到它们的神圣，如同宇宙本身的缥缈神秘。同样，这也并不意味着我们不可以谈论描述心理和内心深处活动的灵魂，以及我们称之为精神的、能使我们振奋和转化思想意识的源头。这同样也不能说我们的个人情感和幸福无关紧要，或者我们的伦理道德行为没有根源，并因此缺乏神圣感。事实上，作为有感知觉能力的生命体，我们应当敬畏、赞叹自己拥有的这一切，去深入思考应当如何开发和升华我们的感知潜能，并让其服务于他人的福祉，服务于这个生机勃勃的世界上最美好同时也是最神圣的事物——世界本身。这样做，既符合我们的本性，也是我们的天职。这个世界如此神圣，只要我们不因自身的幼稚忽视它、破坏它，我们就能更好地保护自己。

佛教徒也持有类似的观点，认为现象的本质是客观的。正如我们在《心经》中所学到的（见《正念地活》中的"空性"一章），佛陀认为根据自己的探索和经验，整个世界都是可以体验的——他称之为五蕴，即色、受、想、行、识——这五蕴作为持久而独立存在的特性是空，即使竭尽所能去尝试，我们也将无法在包含人类自己的任何现象、生命、非生命中找到一个永久的、不变的独立存在。

因为一切都是相互关联的，每一种存在、过程的显现，以及特性都取决于一个不断变幻的动机和条件网络。在佛陀看来，挑战自我，去观察、觉知自我，并仔细考察求证自我是否仅是人们的一种假设和虚构，就像是以某种方式综合了来自我们不同感官的感觉后所构建的两个世界：一个是似乎存在于个体之外的"外部世界"；另一个是个体内部的"内在世界"。

如若不然，那我们为什么能感知到某个自我的存在？为什么认为我们每个人都是一个独立的自我？为什么事情总发生在了某个"我"身上？为什么我所做的都源于我？为什么我的感受归结于我？为什么每天早晨醒来的依旧是那个相同的我，并且从镜子中认出我自己？现代生物学（认知神经科学）和佛教都认为：这是某种错觉，已然深深植根于一种长期形成的个人习惯和文化习俗之中。然而，如果你系统地寻找过这个自我，无论你是在"你的"身体（包括其细胞、不同功能的腺体、神经系统、大脑等），"你的"情绪，"你的"的信念，"你的"思想，"你的"社会关系里，还是到其他任何地方，他们认为你都不会找到一个恒常的、独立的、持久的自我。而你之所以无法在任何地方找到一个恒常的、孤立的、独立存在的"你"的原因，是因为这个自我是一个屏景、一个全息幻象，一个幻影，一个来自受制于习惯的、情感上汹涌波动的、思考着的大脑的产物。这个自我每时每刻都处在被建构和解构的状态，刹那相续，不断变化。因此，从可辨识、可分离的意义上说，它不恒常、不持久、不真实。与其说它是实在的，不如说它是虚拟的。至少从隐喻的意义上来说，它类似于虚拟的基本粒子，似乎在虚空的量子泡沫中无中生有地昙花一现，然后又消融，并归于虚无。换句话说，所谓自我，也可以说是混沌理论所描绘的世界中的一个"奇异吸引子"（strange attractor），是一个动态图形，它持续变化，但总是自我相似（self-similar）——尽管你或多或少还是昨天的你，但又不全是。

为了更好地理解这一点，我们来看看当我们提到"我的"身体时，我们指的是什么？这是谁在这样说？到底是谁在宣称有一个有别于众人的身体？这的确很神秘，不是吗？我们的语言本身是自我指称的，因而需要我们在表述时使用诸如"我的身体"进行描述（仅仅数一数这个页面上它出现的次数，甚至在这个句子里，我也不得不使用人称代词来指代我们）。这使得我们养成了一种思维习惯：总是在思考我们是谁，或者至少我们大多数时候是谁。这已经成为人类现实生活的惯例，毋庸置疑的一部分。相对而言，从表象上看的确如此。

大多数时候，我们在提到手、腿或头部时不会在其前面用定冠词"这个"，而会用"我的"表示或强调是自己的。我们的（我又提了一遍"我们的"）这些身体部位和说话的人总有着某种关系，不论这个说话的人是谁，一旦使用了"这个"而不是"我的"时，就会给与他谈话的人一种遥远、疏远，类似于临床问诊的感觉，甚至让人觉得你所谈到的手已脱离了你的身体。然而，在我和我的身体之间还是存在着某种神秘的关系，虽说这种关系通常几乎不会被细想和深究。也正因为没有认真思量，我们很容易想当然地认为那就是"我的"身体，但其实我们并不知道是谁在宣告其所有权，而这么说也仅仅是因为比较方便，但并不能代表就是事实。相对来说是没错，但并非绝对（毕竟说的不是别人的身体——如果你硬要去纠结是谁的身体部位，这种想法或感觉会过于较真，就像是你在给病人办理住院手续）。如果《心经》中的描述真实准确，那么事物的表象本身就应该是空的。

思想也是如此。这是谁的思想？谁在费神编造这些想法？谁想要去了解？谁在阅读这些文字？

请思考片刻，生物学家和佛教徒所说的，到底哪个才是真实的（佛教徒认为思维属于另一个维度，它遵循自己的法性，可以与物质现象相关，这里所说的物质现象指的是大脑，不能将其还原成单纯的物质）？作为生命体，人类应该既是化学、物理学和生物学的产物，又是完全客观性过程的产物，当我们与皮肤以外的世界接触，身心与周围环境发生对接时，便产生了感觉。如果有自我意识（sense of a self）的话，那应该是一种副现象⊖，一个在复杂的生物过程中产生的副产品，它来自产生这些感觉的某个"我"，是某个拥有这些想法、体验这些感觉、做出这些决定，并以这样或那样方式行事的"我"。人格意识和我们的人格从严格意义上而言都是客观的，如同众生的面相一般，既独一无二又相对真实，但仅靠这点，远远不能完整阐述清楚"我们是谁"这个问题。

假设事实真是如此，我们将会失去什么呢？如若我们能对自身的看法做出彻底改变，能够从更宏大、更开放以及可能更根本的角度出发，那我们又将获得什么呢？

我们将失去对所有经验极度强烈的认同感，对内在精神世界和外在物质世界的所有经验也都变成了"我"和"我的"，而非在不同动机和条件下呈现出的客观现象或者刚刚发生的客观现象。如果我们能够学会质疑自我意识在强化存在事物和表象事物时使用的方式，并不惜一切代价保护自己；如果我们决定质疑自我意识从根本上来说是

⊖　副现象（epi-phenomenon），指的是从属于主效应、与正在工作的事物无因果关系和偶然发生的效应。机械唯物主义者认为，心理状态伴随物质活动而产生，但不能影响物质活动。在德国习性学家看来则是伴随一种生理状态或过程的外部行为表现。——译者注

真实存在或是思维虚构出来的；如果审视自我意识是恒常的或是不断变化发展的，甚至思量它在任何时刻与更宏大的整体之间的关系的重要性，那么我们可能就不会如此自我关注，也不会花费那么多的时间在我们自己的思想、观念，以及我们的个人得失上，不再如此执着地去追求把前者最大化，把后者最小化。我们可能会看穿这层由我们自己编织的面纱，正是这层面纱才赋予经验各个方面多姿的色彩，我们可能会更准确地听到自己的心声，可能会不再过分关注自我，不再强求事情通过编造使"我"快乐或顺应"我的方式"，我们还可能会减少对本质上属于非个人的事情附加个人观点。

如果我们能够按照上述方式行事，就会在与自己栖身的身体和生活的这个世界相处时感觉更加轻松，对存在和活着的这一事实，以及了知能力这一事实保持一份惊奇感，而不必深陷入"了知者"的固有意识中，"了知者"是从被了知的事物中分离出来的概念，同时创造出了主体（某个自我）和客体（能够为我所了知的），并使二者存在距离感，而不是一种对等的亲密感，但它们与觉知共生，又存在于觉知之中。想象一下，如果我们能够在这些方面不那么自我陶醉，不必纠结于自己所关注的那些小事会怎样？因为我们明白，那种自我意识的存在不是与生俱来的，它只是存在的一个表象，而对这种自我意识的强烈认同使我们受限于用一个扭曲的、贬损的、极不完整的眼光来看待我们的存在、我们的生命，特别是与其他生命的关系，以及我们在这个世界上的生活方式。

也许你已经注意到，自我意识一直在暗示我们一件事，即我们不是完整的，我们必须重新出发，向另一目的地前进，获得理应的成就，从而变得完整，感到幸福，产生影响，取得成功。所有这一切可能的确是部分真实或相对真实的，因而在一定程度上，我们应该庆幸拥有这些直觉，但它忘记提醒我们，在表象和时间之外的更深层次，所有理应获得的东西其实早就已经存在，当下——无须提升自我——只需要了知它的本质是既空虚又充实的，因此是完整的，如一个浑然的整体，非常有用。

用最深刻的方式去了知它，用我们的整个生命去诠释它，而这些都是可以通过不间断的正念练习而习得的能力，然后我们就可以与了知这一行为自处，并顾及其他物种的利益而尽量减少在地球上产生过多的以自我为中心的行为，同时保持一种不伤害、不强迫的态度。我们能够做到这点，是因为我们知道，在某种基本层面上，而不仅仅是在智力层面上，"它们"就是"我们"。这种相互联系是根本原因，它是同理心（empathy）和同情心（compassion）的源头，是我们对他人产生怜悯心的源头，也是产生设身处地为他人着想、与他人共情的冲动和倾向的源头。这是伦理和道德的基础，也是成为一个完整的人的基础，超越了仅仅从机械论和还原论视角看待心灵和生命的潜在虚无主义和毫无根据的相对主义。

从这个角度来看，你在真实意义上并不是你所认为的那个人，也不是其他人，我们都是更广义、更神秘的人。一旦我们认识到这点，我们的创造潜能就会得到极大发展，因为明白了我们总是习惯性地以自己的方式去解决问题，之后通过强迫性的自我参与和自我中心，以及我们对自认为重要但并非真正根本的东西的痴迷，这一潜能又再次削弱。

这不是批判，是事实。

没什么是关乎自我的，所以也不要那样认为。

*

我不是我。

我是那个

走在我身边却看不见的人，

有时我会拜访他，

其他时候我会忘记他……

——胡安·拉蒙·希梅内斯

*

足够了，只言片语就已足够。
假如语言不够，那就是此刻的呼吸。
假如呼吸不够，那就是眼下的静坐。

以这种方式开启生命，
我们曾拒绝了
一遍又一遍
直至当下。

直至当下。

——大卫·怀特

第三章

不割裂

　　也许，你已经或多或少意识到，自己时不时会更加关注自我的身心活动，因而不论是我们内在心灵还是外在身体，都倾向于过碎片化的生活，假如你目前仍坚持做规范的正念冥想练习，这种感觉就更加凸显。而且，我们有时会暂时忘记我们到底是谁，有时会产生自己不是自己，而是其他人，抑或是某个自己幻想的、本应成为的某个人物的冲动念头，正因这些行为，我们加剧并参与了这种不完整。因此，我们会将自我从自己身上剥离下来，将自己撕裂成不完整的碎片去追求成为喀迈拉[⊖]，这种状况通常持续几年甚至几十年，这一过程中，我们会失去联结，甚至有时背离自我的本性、独立性、我们是谁的意义，以及我们非碎片式的、不可割裂的整体性。它既是我们特有痛苦和

　　　⊖　喀迈拉（chimera），嵌合体，指虚构的怪物，一种妄想。
　　　　　——译者注

不安的症状，也是个人和社会通病的症状，将自我从自己身上剥离下来的行为大概是最根源性的冲突，或许这就是所有冲突的核心。

疗愈是一个过程，涉及我们对自身完整性的认知，即便我们被生活打压得支离破碎，也坚定拒绝将自我割裂开来。疗愈是接受事物本来的样子，而不是试图强迫它们变成曾经的样子，或者我们为了让自己安心想让它们成为的样子，或者我们有时按照自己的方式认为的样子，就像我的同事及朋友萨基·圣托雷利（Saki Santorelli）所说的，疗愈与了知相关，是了知自己能够被割裂，但依然完整。

艾米莉·狄金森（Emily Dickinson）能够彻底而深刻地攫取这一特有的冲动念头，将自己撕裂成碎片，在恐惧和创伤面前将自己割裂开来：

我把我，驱逐出自我——

我曾筑起——

坚不可摧的堡垒

守护心灵——

然而，自我——袭击了我——

我何以如此安然

乖乖屈从

自己的意识？

从此，我们成为共同的主导
我又何以
只有妥协
我——是我吗？

我们多久会自发地但又无意识地将我从自我中驱逐出来，放弃完整性，屈从于自己的意识、感知觉和情理、主体性，以及真正疗愈的可能性，以期保护自己不受伤害，并从痛苦中解脱？

我们做出这些妥协的代价是什么，是否值得？

假如我们选择勇敢面对，不再屈从于自己的意识会怎样？或者仅短暂这样做会怎样？

我们会成为谁？

内心会做何感想？

身体会有何举动？

第四章

不分离

　　爱因斯坦在他所处的时代就比其他人看得更远、更深，不仅是在空间、时间、物质、能量、光和重力上，还深刻意识到盲目的欲望和情感依附效应，以及这一效应在解决他称之为分离错觉时发挥的重要作用。一位拉比[○]曾写信给爱因斯坦，称自己十九岁的女儿因为她妹妹去世的噩耗感到非常痛苦，她去世的妹妹是一个"无辜而漂亮的十六岁小孩"[○]，拉比曾试图安慰女儿却没有任何效果，爱因斯坦在回信中写道：

　　人是我们称之为"宇宙"整体的一部分，并受限于时间和空间。人类感知自我的身体、思想和情绪，就像这些是与身体的其他部分相互分离的一样——也是自我意识的

○　拉比（rabbi），意为"先生""夫子"，系犹太人对师长和有学识者的尊称。——译者注

○　《纽约时报》1972 年 3 月 29 日。

一种视性错觉。这种错觉之于我们就像是囚笼，将我们困于自己的欲望和对身边少数亲近之人的感情中。我们的任务就是将自我从这一囚笼中解救出来，拓宽我们怜悯之心的疆域，将所有生命和整个大自然拥入这一美好的感觉之中，没有人能够完全达到这种层次，但是为之而努力在本质上就是一种释然，是内心安全感的基石。

伟大的物理学家爱因斯坦也认为释然和内心安全感本身就很能说明问题。他还强调自己深切感受到我们被分离错觉所折磨，无论是与自己分离，抑或是与别人分离，他深深明白苦难植根于此，想要抵御苦难就需修习怜悯之心。

他用整体性的眼光看待整体，用释然的态度对待错觉，他悟到的是……怜悯之心。我们是否能够要求自己也用完整性的眼光来看待问题，从而觉知到我们通过分离错觉才能明白，其实自己和他人所设的囚笼实质上并不存在。

如爱因斯坦所言，我们能否拓宽自我怜悯之心的疆域，"将所有生命和整个大自然拥入这一美好的感觉之中"？是否能将我们自己拥入怜悯之心的怀中？

为什么不可以呢？

毕竟，这是一种修习，并不是一种人生哲学。这种修

习是从自我的感知错觉、割裂、妥协和虚幻中醒悟，是
将自我从看似"孤立"的状态中解脱出来，而实质上从深
层次而言我们的确是"孤立"的，是不留痕迹地交织在整
体中，在这里，在这个时刻，在这个地方，和呼吸一起
安在。

*

啊，不能分割，
即便是最微小的分割也不能
逃脱星球法则之外。
内心——究竟为何物？
若不是变幻莫测的天空，
那就是呐喊，如鸟儿在深渊，
如那归来的风。

——里尔克

第五章

时间与空间的定位：致吾父的颂歌

我是谁？我在哪儿？现在是何时？我曾到过何处？我曾做过何事？我正在干什么？

不，这不是高更画作的标题，虽然看上去很像。

这些都是最基本的问题。我们庆幸自己记得在使用完火炉后关掉它，更难的是之后回想起来也确定关掉了火炉。然而我们很少因为觉知到自己正在做的事情、自己是谁、在哪儿或当下的时间而感到幸运，说真的，我们确实应当感到幸运。对于这相当不可思议、使人振奋并每时每刻在了解生命意义的觉知，我们的态度太理所当然了。

我的父亲由于罹患阿尔茨海默病而慢慢丢失了大部分的记忆，于是我开始不安地意识到我将太多的事情视为理所当然。我知道我去过哪里，如何去的，之前发生过什么，接下来将发生什么，这些都是我不需要去思考就能知道的事情，因为我就是知道。而对于我的父亲，这些都消失了，如同他的大脑中开了一个巨大的洞，时间、地点、因果关系都处于早期关联中。

我的父亲埃尔文·卡巴（Elvin Kabat）将他全部的职业生命奉献给了哥伦比亚大学医学中心，令人惊叹的是，在这之后的二十年，他虽已高龄，仍旧每周往返于纽约的实验室和马里兰贝塞斯达的美国国立卫生研究院（NIH），他当时还在 NIH 负责一项科研项目，编辑、上传并不断更新所有已知的抗体分子及基因的序列。

一天，父亲哥伦比亚大学的一位同事打电话给我并详细讲述了一件事：他们在医生餐厅就餐快结束时，我父亲提及他将前往机场返回纽约，而问题是，他人已经在纽约了，接完这通电话，我和我的家人就已明白他的状况了。

我第一次意识到父亲异常的事件，准确来说就是我无法阻止自己觉察父亲患病这一系列意识在我脑海中出现的开始。一次，父亲高兴地描述他在当年的报税中，让美国国家税务局（IRS）给他偿付了所有往返纽约和 NIH 的差旅费。（我曾以为这笔费用已经从他的基金经费里报销了。）然而，令人难以置信的是，他把扣除额和偿付混淆了。我一下子变得惊慌失措，时至今日，我仍然记得当时的感觉，内心深处被一种沉重的感觉所攫取，随着自己对这一感觉的觉察和觉知意识的出现，这种沉重的感觉在不断下沉，一直降至胃部，引起一阵恶心。这件事带给我的感觉和他无法记起一个单词或者不记得把钥匙放在哪里完全不同。

怎么会发生这种事？这对于我父亲而言预示着什么？父亲的导师——伟大的免疫学家迈克尔·海德尔伯格（Michael Heidelberger）活到了103岁，直到102岁时，他还坚持每天出现在自己的实验室里，和自己的学生们见面并撰写科研论文。我父亲的一个心愿是保持创造力并在他深爱的实验室里坚持他的"生产工作"，这个心愿随着年龄的增长而越发强烈。在他的一生中，他几乎毫无例外地生活在自己的思想中或按照自己的思想生活，拥有钢铁般的意志和锐利的智慧。他在微生物学领域享有一席之地，兼任三个不同部门的教授，并因免疫化学和分子免疫学领域的出色工作荣获美国国家科学奖章。他是美国国家科学院终生院士，曾受邀在各地开展授课和顾问咨询，他依靠自己的能力走到这个地位，源于他在麦卡锡时代以自己的职业生涯为代价，与美国公共卫生署强加于基金申请人身上的忠诚宣言相抗衡。他曾公开强烈抵制NIH，不准自己实验室的科学家接受美国公共卫生署的资助，至少按照父亲的说法，他的抵制行为持续到政府几年后做出退让并撤销了这一要求。那时我还是个小男孩，还记得那天他回到家，开了一瓶香槟酒庆祝这一胜利。他所崇拜的是有原则的行为和忠诚，他作为一名科学家最主要的道德标准是——让数据为自己说话。据我所知，他在自己的科研工作中从未背离过这一信条。

他与来自全球的同人合作，依托自己的实验室平台发表过将近五百篇科研论文，合著出版了《实验免疫化学》（*Experimental Immunochemistry*）的三个版本，这本重量级的教材堪称他们学科的"圣经"，同时也编纂出版了其他技术书，即使我有分子生物学的基础，也一点儿都读不懂他的著作。但是现在，他竟然无法区分扣除额和偿付；来我家时还要问我这是谁家；他愉快地告诉我他和电话公司有特殊关系，缴纳电话费时可以直接给他们开存款单而不用开支票，他讲话时语气那么坚定和讨喜，有那么一刻我差点就相信了；他还一遍又一遍向我们讲述曾在非洲和一群小矮人一同生活的场景，当他到小矮人的村庄时，发现那些小矮人见到他"非常开心"，并且已经阅读了他的科研论文和图书，他不曾忘记那些小人儿都很敬仰和尊重他的画面。当我问起是非洲哪里的时候，他回答"南非"。就这样，他徘徊着，迷失自己，他已经无法读懂自己的著作，不能认清谁是自己的朋友。

当痴呆降临，像一块帘幕遮盖在他的记忆和他的认知上，他不记得也不知道自己身处何地、发生何事，无论这个疾病带给他什么，我都珍视与他在一起的那些时光。我们会挽着对方的手静坐，有时一坐就是好几个小时，他能够坐很长时间，就像我们在一起冥想，只是他用他的方式，而我用我的方式，重要的是，我们在一起。这些时光珍贵而又痛苦、恼火。

他也有自己的快乐。一天，他坐在花园里，面朝一个很高的篱笆栅栏，后面竖着一根电话线杆，以灌木和蓝天为衬托，一根很长的电线一直延伸到那电话线杆，之后就没有再延伸出去（应该是从电话线杆后面延伸到地下了），他突然莫名地说了一句："那里就是电线的终点。"

没错。我脑海中闪现过我们两个静坐在长凳上的画面，如同一张照片，从我们身后的角度拍摄，电话线杆架着长长的电线在蓝天的衬托下矗立在面前。这真可谓是"线的终点"，对于他而言更是如此。

还有一次，他从窗户看到自己居住的疗养中心来来往往的救护车时说："你要是死了，他们就会把你扔出去。"

我开始越来越强烈地感受到他的思维和身体能力的退化，当他也有这种感受时就会抱怨几句，直到这种感受也退化消失了，他就再也不能认出自己的妻子、孩子和孙辈。但他能在打电话时根据声音辨识出我们，我会在电话中跟他打招呼："你好呀，爸爸。"然后他就能立马知道我是谁，从来不会把我和跟我声音很像的两个兄弟搞错。他会温柔而亲切地跟我打招呼"你好呀，我亲爱的乔尼⊖"，

⊖ 乔尼即为作者乔恩·卡巴金的昵称。——译者注

这种辛酸、感激和悲伤的感觉简直把我折磨致死。

直到某一天，他去世了。在他弥留的几个小时里，我将他揽在怀中，为他唱最爱的《吉伯特与苏利文》中的歌曲，这些歌曲都是我小时候他唱给我听的，只是改编了歌词，告诉他我们都很爱他，他生活在一个充满爱的家庭，他可以安息了。除了这些歌曲的穿插，我还为他吟诵了这些年我从不同的传统文化中学到的所有圣歌，包括英语版和韩语版的《心经》，然后，就是长时间的默哀。当吟诵到"色即是空，空即是色"时，我的心里涌起一种不明的认同感，眼泪便从脸上滑下，在这整个过程中，尤其是那段长时间的默哀，我能够敏锐觉知到他和我一样不连续、不规律的呼吸，几个小时后，那一刻还是到来了，他呼出最后一口气，没有再吸气。我久久地抱着他，啜泣着。

我突然意识到，在父亲逐渐失去记忆的漫长八年中，我把太多事情当作理所当然了，他和发生的事情失去了联系，即使是前一分钟刚发生的。他生活在当下，但那是个混乱的、失常的当下，他搞不清楚事情的始末，没有广泛觉知力去感知过去和未来。他总是在试图传达一个他想要清楚表达的概念时受阻，总是莫名地无法关联自己的大脑和舌头。更令人沮丧的是他在谈论一些具体事情时，会运用"物质""材料"等一些他曾经常用的科研词汇来表达，但我们根本不能理解，因为那种表达太含糊了。随着时间推移，他对直系亲属之外的亲友的记忆变得越来越模糊，但是他的情感没有改变，经历对这种困境无能为力带来的可怕而令人厌烦的沮丧和暴怒之后，他试图挽留自己的生活、实验室以及自己世界中的所有记忆，从而变得更加温柔、爱得更加张扬，但也更加孤独，甚至把自己隔离在自己的世界中。他会因为得到关注而高兴。他喜欢受到关注，这曾是他性格的一大突出特点，就算他曾经获得无数国际认可的成就，即使到生命的最后一刻，他也没有放弃自己的这一兴趣——需要他人尊敬的关注。他始终能辨识出他人是否只是走过场、取笑他或者故作亲切。

从父亲的疾病中，我获得了启示：我们应该在还拥有思维能力的时候充分发挥并利用好这种能力，一定不要把它视作理所当然。必须明白开发思维能力在觉察事情本质上具有重要作用，我们不能被表面的现象误导，把思维能力误认为是既存的事实而忽视掉。我父亲作为一名科学家，和我们其他人一样，在生活的各个方面从来没有意识到这件事情，更不可能阻止思维能力衰退的发生。

最后，除非我们也受到阿尔茨海默病或其他智力退化疾病的折磨，否则我们都应该知道，也的确都知道我们每时每刻的时间和空间定位（即使我们迷路了，我们也是有这个认知能力的）。我们也应知道并熟悉与之相关的其他认知感觉，包括我们每个人是谁，我们身处何地（此处）何时（当下），有能力在不断从过往流淌至将来的时间长河中定位自己，并知晓某一刻我们身处何地。

神经系统以我们尚不了解的某种方式发挥着这些定位功能，并在这一方面取得了卓著的成绩，贯穿了人从出生到死亡的一生。我们仍需谨记，思维本身不是永久的，也不是必然的，但很容易被视为理所当然，这是思维的特质。我们在修习正念的时候，会尽可能抓住所有机会将它的功能发挥到极致。

在阿兰·莱特曼（Alan Lightman）的小说《诊断》（*The Diagnosis*）的开场幕中，直白而冷淡地上演了这一基本定位功能的缺失。书中，一位商人通勤于远郊的阿勒威夫（Alewife）车站和他的目的地波士顿城区之间，总是会毫无原因地忘记他是谁，他要去哪儿。这种丧失了目标和定位的超现实主义义式的噩梦（"我今天早上是要去哪儿，穿得这么周正是要去工作吗？哦，是的！是和这趟列车上的其他乘客一样去喝咖啡吗？当然了！但我在哪儿上班呀？我实际上是做什么工作的呢？"）导致自己突然沉浸在一种梦幻般的状态，所有的事情都是模糊而相似的，可是事实又并非如此。因此，它之后就快速转变成一个真实存在的噩梦。

我们总是生活在这些悬崖的边缘，只是有些时候，我们强大的定位系统会将我们从这些噩梦的病态中拯救出来，至少从一种传统的标准来看，我们摆脱了这种病态。但是，"我是谁？""我要去哪儿？"属于非常深刻的问题。禅宗的以心传心（Zen koans）⊖建议，假如我们能定期这样对自己发问，即冥想练习，而非单纯地将我们是谁和我们要做什么视为理所当然，便可从中深深获益，尤其当我们自认为无所不知，没有意识去提出这种问题，则无法掀开表象的面纱、抛开自己编织的故事外衣，露出遮盖下的深层结构以及真实生命的多个维度和复杂特质。因为谁也不知道我们还有多长时间可以任意支配这些能力，也不知道到底需要继续生活、学习和成长多久，才能达到"完人"的状态。

于我父亲而言，当他的记忆和理解能力几乎全部丧失的时候，他还有对家庭的关爱，还有他和全世界许多好朋友、同事和学生之间紧密的感情联系，以及他曾经对这个

⊖　以心传心是禅宗的传授方式，如同谜语以问题、陈述或对话的方式呈现，试图在冥想时将其放置在脑海中，然后去觉知、去回答，但回答时不使用离散的思维，因为所有从思维中得出的回答都不是真实的，都不能满足当下的环境。例如，"我是谁""狗是否有佛性"或者"什么是佛"。几乎所有的生命环境都是以心传心，你可将之理解为"那是什么"甚至是"现在怎样"。在每一刻中，回答都可能不同，唯一的要求就是真实、适合，而不是来自二元论的思维。回答的方式可以是非语言的。

世界所做的贡献和世界回报给他的爱。这些是我们人类拥有的大部分情感联结，转瞬即逝，但也备受认同，我们会尽己所能去培养、去享受。

　　于我们每个人而言，或许我们最大的遗憾是没能抓住当下、珍惜当下，认识到每一个当下的本质，尤其是深切感知我们与他人和大自然之间的关系。也许，这就是终极定位，既是空间上的，也是时间上的定位，但又同时存在于空间和时间之外：一种无缝而连贯的觉知，需要我们直接地去觉知，在非概念层面上去觉知，凭借经验去觉知。并且，享受这一过程。

第六章

正交现实：在意识上的旋转

　　一般而言，人类是传统现实本质出色的开拓者和栖息者，我们通过五种经典感官对"外部"世界进行诠释和调和。目前，人类已经完全适应了这个世界，并且在短暂的历史演化过程中学会了通过改造世界来满足自己的需求和欲望。在物理世界中，至少是在牛顿式的物理世界中，得益于科学的发展，我们对因果关系的理解能力与日俱增，且通过人类不断的发现，这种理解还在继续加深。

　　然而，即便是在科学范畴内，站在科学的最前沿，也不能确定我们理解了那些基本本质，令人迷惑的是，这些本质似乎只是统计数据层面的，不可捉摸、不可思议，它们也许是遵循了放射性原子核的放射性衰变的原因和时机；或许它们认为宇宙是无限大的，抑或存在多元宇宙，而我们所在的宇宙只是那无数个宇宙中的其中之一；或者是否真的存在时间；或者黑洞的中心有什么；或者真空为何能产生如此大的能量；或者空间是无物还是有物这个问题。

尽管如此，如我之前提及的，在生命过程中那些惯常的现实本质中，我们拥有一个身体，经历出生、生活以及最终的死亡。大多数情况下，我们都能在接受事物表象的状态下安然地生活，并给予自己看似轻松的解释，事情是怎样的？为何是这样？我们的感官会始终安抚自己、催眠自己，尤其是当我们做着那些习以为常的事情时，即便那些事情与我们时刻保持着紧密的联系，也无法真正与自我关联，也不能理解自己的所想所为，因而会将其从存在的领域和感知觉能力中剔除。

我和麦拉（Myla）在街上看到一个年轻人从我们身边走过，我说："他长得真好看。"麦拉回答道："是的，如果你没注意到他面无表情的话。"

我们想要看到什么？或者反过来，我们会忽视什么？这一直是个问题。我们总是将自己顷刻间的感知停搁在习以为常的、容易忽视的环节，用结实的"没看但假装自己看了"的绳索捆绑牢固。

在遵循着这一现实本质的世界中，我们竭尽所能，赢得了一席生存之地，我们有餐桌上丰盛的食物，深爱自己的孩子，回报自己的父母，工作或者做着其他任何需要去做的事情，在生活中保持不断前进的动力，也许像左巴[⊖]一样去学习舞蹈，但因人类条件所限而必须要面对一些存在的现实情况：压力、疼痛、疾病、衰老和死亡，这些都是左巴"必须去经历的全部大灾难"。一直以来，我们沉浸在思想的河流中，并不能明确这思想河流的源头在哪儿、内容为何。也许是困扰的、反复的、错误的、冷酷的、有害的，但无论怎样，都粉饰了当下，并将我们拒之门外。除此之外，我们常常会被自己失控的情绪所劫持，深深伤害自己和他人，这也许是早期伤害或伤害感知（perceived harm）导致的结果，无论如何，这些情况都导致我们无法看清事情的本质，即使睁大了双眼也会无视它。

令人不悦的时刻总是让人手足无措、心烦意乱，因而，总是容易在我们不懈追求幸福的路途中，以及围绕这一追求发生的故事中，被视为犯规或者被当作绊脚石而清除出去，这些不悦的时刻也总是会被持续的忽视所掩盖，然后很快被遗忘。或许，我们可以根据自己感觉失败的、

⊖　左巴的英文名为 Zorba，小说《希腊人左巴》中的角色，作者是新希腊文学缔造者之一的尼科斯·卡赞扎基斯，该小说 1964 年由希腊导演迈克尔·柯杨尼斯改编为电影，获得三项奥斯卡金像奖。左巴不以物喜、不以己悲，一开心就跳舞的生活状态，正是灵与肉、心与身结合的完美例子。——译者注

处理不当的事情，以及自己的不当行为，重塑一个相当级别的不悦事件，去解释为何我们不能逾越自身的局限和宿命，然后，当我们脑子里想着事实如此时，就会忘记这只是我们对自己阐述的又一个故事，并拼命执着于此，似乎我们的身份、我们的生存和所有的希望都毫无疑问地与之相连。

此外，我们还忘记了公认的现实本质，我们也称之为人类条件，其本身是建立在巴甫洛夫效应[⊖]之上的，这一点不可抗拒、极其确定。

受限于这一伴随终生的条件，当我们认为能自由去做想做的一切时，也不可能获得真正的"自由"，因为我们时时刻刻完全受到自我思想的支配，是思想让我们习惯于记住什么和遗忘什么。也就是说，我们无法觉察自我在追求自由方面的潜能。这又是什么原因呢？这是因为我们本不该纠缠于对事件的反应，但我们总会忘记或者根本不能觉知，尤其是当我们在无意识的状态下决定自己是去做这件事还是那件事，以这种方式还是那种方式进行关联，通过这种视角还是那种视角来看待问题，避免做这件事还是那件事，遗忘这还是遗忘那，以及包括生命出现的所有限制条件，而这一条件通常是肤浅得令人不安，且总是无

⊖　巴甫洛夫效应（Pavlovian sense），即经典条件反射定律，由俄国生理学家巴甫洛夫提出。——译者注

法让人满意，总有一种缠绵之感，让人觉得应该还有其他的，还有更深一层的意义，还有让人更加舒服自在的可能性，不受条件的制约，不论当下是"好"还是"坏"，是"愉悦"还是"不快"。

我们感觉如此不适、如此失望、如此不满，并且时而会意识到这种感觉无处不在，它是所有人内心中无声的背景，不断辐射着不满情绪，但我们从不说出来。一般而言这并没有什么启示作用，仅仅会让人难以忍受。嗯，听上去很像苦难[⊖]，苦难，还是苦难（见《正念地活》的第二部分）。

然而，当我们仔细观察和察觉这些不满情绪，这些从内心深处散发出的不满感觉本质上是什么？当我们渐渐质疑和审视当下"谁在受折磨？"时，我们实际上是在探索现实本质的另外一个维度——它提供了受困于传统的思想世界牢笼之中、未被认可却一直存在的自由，虽然自由本身并不存在什么限制，但当我们倾其所有去满足自由所需，就越发察觉到当下的自由备受限制。我们对在苦难中获得自由的这份渴望，对避免造成不必要和不经意的苦难的这份期待，是建立在人际关系和人与人之间紧密联系这一首要条件之上的，这是通往人类存在新维度的大门，也

⊖　苦难（dukkha，梵文），汉传佛教一般译为"苦"，或者"苦谛"，指一切存在物的真实性质。——译者注

延续了人类的生存之路。

　　这一过程就像是从一种集体无意识状态中、一个像梦一样的世界中觉醒一般，突然之间获得了好几个维度的自由，获得了更多认知和回应的选择，全身心迎接的选择，还有无论我们身处何种状况，在对植根于内心深处、深受制约的习惯做出反应之前，运用正念的选择。这种状况，类似于从二维的"平面世界"过渡到三维的空间世界，且第三维与另外两个维度成直角（正交关系）。就像一瞬间打开了新世界，"旧的"二维世界的那两个维度仍然跟以前一样没有发生任何变化，但是由于我们增加或者发现了第三维，那两个维度也就不再那么让人受限了。

　　譬如，当我们在提出"谁在受折磨？""谁不希望发生正在发生的事情？""谁感到害怕？""谁在思考？""谁没有安全感，或感觉多余，或感到迷茫？"或者"我是谁？"这些问题的时候，我们其实是以意识为轴，开始不断旋转至另外一个"维度"，这个"维度"与世俗的现实本质成正交关系，从而能够同时与那些现存的现实本质相匹配，因为你仅仅是"增加了些空间"。事实上，这是一个全新的维度，不需要改变什么，只是你的世界瞬间变得更加广阔、更加真实。旧的事物看上去不同了，只是因为我们找到了一个全新的角度去看待它们——这是一种超脱出受限的传统维度和思维模式的觉知。

　　至于变化，即便我们无所作为，它也在时刻产生。通常情况下，我们总是要煞费苦心强迫事情按照某种特定的、非它们自然的方式去变化和发展，事实上这种行为只会导致现实本质变得狭隘，并通过摧毁当下处于隐蔽状态的维度和选择，将我们自己禁锢在受限的思想和目光之内，其实这些隐藏的维度和选择原本是可以为我们的内心和外部世界提供新的自由度的。

　　当你感知到意识的旋转，你的世界便会豁然开朗，变得更加广阔而真实，那时，你就能理解佛教徒所言的绝对或终极现实，那是一种超越了条件反射作用，又能够在条件反射作用产生时对其进行即时识别的维度，这就是觉知本身，是思想本身的认知能力，超越了知者和已知事物，也就是了知，有趣的是，这种能力其实早就存在，你生而具备。

　　当我们觉知于觉知之中，我们便安然生存于称之为正交现实的现实本质之中，正交现实本质比传统的现实本质更加重要，分毫都是真实的。当我们想要拥有和展现我们人性的方方面面，想要拥有和展现有情众生的真实本性，这两种现实本质时时刻刻相互契合，需要我们一视同仁地付出。

　　当我们栖息于这一正交的维度之中，我们会从不同的视角去看待传统的现实本质问题，比起聚焦自我利益的狭瞰视角，这个视角更加广阔，因而，当我们面对各种境况时，才会有获得自由、决心、接纳力、创造力、怜悯心和智慧的可能性，这在传统的思维模式下是难以想象的，因为它们无法自己出现并持续下去。

无论对于个人，还是对于整个世界而言，这个更加广袤的自由宇宙便是正念将带给我们的未来。我们当下所处的这个世界包含了相对短的时间内一部分人意识上的正交旋转，使我们获得了更多的维度和更大的自由度，包含了产生新的洞察力、做出明智行为以及带来疗愈的可能性。能够从一个新的视角立即揭露某一困难境遇所有的复杂性和简易性本质，这便是正交视角提供给我们的，也是正念提供给我们的，即洞察事物最本质、最重要，也是最容易被遗忘和丢失的东西。传统的现实本质并非"错的"，只是不完整而已，那里有我们的苦难和从苦难中解脱的源头。

我们每个人对正交转换都不陌生。如同艾伦·拉扎尔（Aaron Lazare）在《道歉的力量》（*On Apology*）一书中所述，一个真诚的道歉能够立马消融双方经年累月的仇恨、愤怒、屈辱、内疚和羞愧，并且几乎能够即时转化成疗愈、原谅和关爱之情，这适用于个人，也适用于国与国之间的关系。那些看似无法完成，在此之前又并非完全无法实现的，最终却实现了的，人们称之为"禁戒跃迁"[⊖]，常常被证明不仅不是禁戒的，而且极有实现的可能，即使在此之前这是令人难以想象的。道歉之后的幸福状态与道歉之前的痛苦状态成正交关系，这自始至终都是一种潜在的可能性，但仍需在思维空间和心灵空间内转换以示真实。在实现转换的过程中，旧的创伤得到疗愈，往昔的痛苦得到宽恕，新的谅解、和解以及心灵与思维的豁然开朗便奇迹般接踵而至。

⊖　禁戒跃迁（forbidden transition）为物理学专用名词，指跃迁概率较小的跃迁。因为通常的光谱线属于偶极辐射，这是服从选择定则的。但四极辐射和磁偶极的辐射不是绝对成立的，因此在适当条件下虽然违背选择定则，但也可以观察到这种跃迁，称禁戒跃迁。——译者注

第七章

正交制度

　　假如个人能够实现意识的正交旋转，制度甚至国家也一样可以。毕竟，与两百多年前相比，我们对待奴隶制的态度发生了极大的改变；我们看待性别、女权以及性骚扰的构成也大大不同；我们也不再常规性地隐瞒癌症患者病情以免他们遭受打击，虽然这种情况曾在医学史上延续了几十年。上述这些都涉及一种集体性的意识旋转，我们如何看待问题？将哪些要素作为重中之重？以及如何在这个世界中表现这一理解——我们实际上是如何行动的？还包括那些我们制定和未制定的法律。从深层意义而言，意识到这些如何最终深化成为法律条文完全是另外一个问题，通常，受害者仍然受到法律制定者的控制和伤害，几乎没有得到任何实际援助。社会秩序中任何持久变革通常都反映了某一部分人的强烈能动性，一般情况下是大部分人历经了数十年之久才产生的，需要内部或外部的改变，比如出现道德的违背，说出逆耳的真理，有时甚至为了这一目的有所牺牲。这种为了维持某种状况或制度现状而产生的惯常惰性和既定利益一般不会导致或延续正交旋转背后的动力。话虽如此，当思维发生变化时，视角即发生改变，人们尝试新的可能性去疗愈旧伤，或者矫正本质上存在的问题，以使民主更加民主，确保平等权利和基本人权，而那些曾经认为不可思议或者从未想象的有趣的事情就发生了。通常情况下，我们的社会和我们的制度体系会因意识的旋转得到优化，因为这些意识上的正交旋转将会把我们旋转至一个更加精细化、具体化、现实化，充满慈悲心的价值观的方向上。

在我看来，一种正交制度应该是在意识上进行了一定程度的正交旋转，因而，正如上一章中提到的那样，虽然存在于同一个空间，却拥有更多的维度，同时，这一制度会设置更多的常规性组成部分，或是自己独立存在于更大的传统现实本质之中，因而重新界定并扩大了它的目标，或者拥有更大、未曾想象却能够想象的可能性。

就上述意义而言，个人如果能将一份诚恳的觉知持续带入工作或家庭中，将会使自己的工作或家庭与传统的思维模式和处理事情的协调系统在功能上成正交关系，这一行为会将内在世界和外在世界无缝结合、合二为一，能够允许我们同时发挥才智，让我们全部的所作所为来源于生命的本质，因而，即便面临各种内部和外部矛盾，或者面对持有巨大分歧和极端观点的众人时，也能够从内心的智慧和潜能出发，做出明智而富有怜悯心的行为。此时，让人意想不到的且充满包容性和双赢选择的可能性反映出人们对一种大智慧的追求，恰恰需要勇气和远见才能实现。

减压门诊和更为普遍的 MBSR，以正念冥想为基础，一直以来都是通过最初的正交制度[⊖]的构思和目的来运

⊖ 我于 1969 年创建出"正交制度"这一术语，那时正好处于越南战争和冷战之时，作为麻省理工学院（MIT）的毕业生及其科学行动协调委员会（SACC）的共同创办人，我试图让人们（应该都比较熟悉正交这类词汇）理解为何制度需要为科学的运用和滥用负责，尤其是那些获得国防部大量基金赞助来开发极为复杂精密的技术，设计大规模杀伤性武器的运载系统，影响人类生存的技术。这一尝试促使"意识旋转"作为整个制度的一部分，不仅仅是针对麻省理工学院，而是所有的科学机构，当它们在做与战争相关的研究时，重新审视自己的知识和学术追求可能导致的社会和政治后果会更好一些。我们作为学生会经常被教导，应该利用我们的教育做一些有建设性的事情，而不仅仅是"摧毁"传统和现存的制度，这当然不是我们的目的。但十年后，MBSR 是我去实现这个目标的一次尝试，也就是说，我在马萨诸塞大学医学中心的医学和卫生保健部门建立了一个正交机构，看看它是否会对医学实践产生革命性的影响，包括作为对医生治疗的补充，让患有慢性疾病的人开展严格的正念训练，让他们回到自己的生活轨迹中来，从而获得最大程度的健康和幸福。在某种程度上，MBSR 对这种方法的价值提供了更高的信任度（和证据），实际上在过去的四十年中发挥了相当有效的正交功能，并对改变思维模式和医学实践本身做出了贡献。

作，旨在将正念，以及基于正念的身心健康及疗愈研究的方法和视角带进医学主流。冥想与医学两个领域的联姻始于1979年，更不用提瑜伽——在你们眼中可能只是一种拉伸，那是两个看似毫无关系的视角间融合。以当时的医学观点，冥想很容易被视为古怪的、非科学的、没有实践价值甚至只有负面价值的东西，正如我偶尔调侃的那样："西哥特人已经在门口了，马上要摧毁这来之不易、基于科学的医学和健康中心大厦，甚至要踏平西方文明自己的大本营了。"然而，MBSR和正念冥想本质上存在的正交视角让其在早期就可以与医学共存，从某种程度上逐渐揭示出它们之间存在多少共同之处（我们不要忘了医学和冥想很明显有相同的词源学词根），揭示出它们如何为彼此服务，并有效扩大了各种慢性病患者切实参与到自身健康、健康管理及生存等活动的范围。

从外部来看，减压门诊和医院的其他门诊没什么区别：有名称、有位置，在走廊设有正式的指引标识，它一直是医疗部门的一部分，有患者手册和结算程序。随着减压门诊的发展壮大，它也配备主管、副主管、行政人员、前台接待和引导人员。而在其发展之初，我们常常借用办公室，甚至衣柜或各种其他科室不想要的地盘来开展工作，曾经很长一段时间，我们使用医学院校的教职工会议室和图书馆里的珍本图书馆作为我们的教学地点，我们的门诊没有特定的地点其实并不是什么问题。随着时间推移，我们也拥有了漂亮的办公地点、舒适的接待区、很棒的教室，还有很多用于和前来寻求我们帮助的患者进行私密的访谈的小房间，最后，我们还拥有了自己的门诊楼。通过这些变化，我们门诊的运作也开始变得和其他门诊一样，无论是收费还是支付劳务费给工作人员都和其他门诊一样，医疗中心的所有人都称其为门诊，医生也这样告诉自己的患者。

　　然而，无论你是因为提前预约来到接待区，或者想接受私密的个人评估而进入访谈室，或者为了上课来到我们的教室，你都是真真切切走进了另一个现实世界中，即使当时的你还停留在传统的现实世界。虽然你当时对这件事知之甚少，但在我们的邀请下，你的世界开始进行意识的旋转，并不断扩大，包罗了你不曾注意到的、具有多种可能性的维度。除了发展成医院的一个专门化门诊，减压门诊迄今为止，始终属于另外一个世界，属于正交下的宇宙，是正念和全心全意（heartfulness）的宇宙，是具有完整性和体验觉醒的世界。

　　人们从开始之初就能感觉到某些东西发生了变化。对于工作人员而言，这没有什么特别的，只是一个有目的性、常识性的约定，让自己尽可能抱持正念，与他人待在一起、去倾听、去表达友善，明确哪些可以被描述，哪些不能，去体验任何医院都想让员工体验的——真诚而坦率，这不仅仅体现在理论上，还体现在实际每天和每时每刻的练习中。虽然这看上去没什么特别的，却自始至终是最特别的。

从一开始，我们 MBSR 诊所工作的初衷就是不管我们职位职责为何，都尽可能坚持希波克拉底原则，将寻求我们帮助的那些人视为人类而非患者，从本质上获得无限的成长和学习。我们把正念带到工作中，并以一种持续的、开放的、共情的方式关注我们工作的方方面面；同时，我们尽可能在任何时刻都全身心在场参与，不接受未经确认和审核的日程，就算患者打算认真对待这个八周项目，这些日程不仅不会提升体验，反而可能会妨碍我们与患者的会面，妨碍我们试图让患者以有意义的方式参与各种冥想练习的努力，也会削弱正念在他们今后的生活中产生潜在影响的力量，这点不言自明。

另外，还有一点是不言自明的，我们没有向任何人推销任何东西，而是把是否参加这个项目的决定权留给患者。然而，当他们来接受面谈时，我们努力尽可能真诚而坦率地与他们见面，重视全神贯注地倾听他们讲述来到诊所的原因，因为深入倾听是正念冥想的主要特质。然后，当时机合适时，我们会跟他们解释参加正念项目会获得什么，但是，我们不会承诺结果，而会告诉他们这是一个过程，是一种对不同事物的尝试，如有必要，还会告诉他们为什么相对集中的正念冥想练习会与他们的特定情况相关。

从一开始，我们就将 MBSR 作为一项极大的挑战，并清楚地表明，参加这一项目会为生活方式带来巨大改变，因为它要求必须承诺每周上课一次，持续八周，还需要参加第六周周末全天的止语静修，外加使用音频设备进行每日冥想练习，从开始的磁带，然后到 CD，再到现在的数字化应用程序，使用音频指导语，每天练习至少 45分钟，每周至少六天。我经常意识到自己总爱说：你不必喜欢以这种严格的方式去完成冥想练习家庭作业；不管你感觉会不会喜欢，也不管你到底喜不喜欢，你都必须去做。在这过程中，尽你所能暂时放下自己的评价。然后，在八周的课程结束时，你可以告诉我们这样做是否有益（尽管我有时会用更丰富多彩的语言来阐述这一点）。但在这八周时间之内，我们与你约定你只需坚持练习，来上课，不管某一天你对练习感觉良好还是厌烦，你仍然要坚持练习。

我还意识到，自己会像消防队员那样，有时不得不点一把小火去扑灭一场更大的火，所以他们可能会觉得仅仅参加减压项目就很有压力；而且，无论我们事先向他们描述了多少冥想练习，只有他们真正开始练习才会明白自己将要参加的是什么。我还喜欢告诉人们，从我们的角度来看，他们是益大于弊的，无论他们遇到了什么问题，不管他们被诊断出了什么病，也不管他们生活中发生的灾难有多大和多沉痛，我们只负责邀请他们一起工作，在八周的时间里，我们将会把精力投入到对他们来说好的地方，如果有必要的话，让他们的医生和医疗团队的其他成员去处理出现问题的地方，然后看看会发生什么，在这些访谈结束时，让患者自己决定他们是否想要参与其中。

这意味着教室里的人都不是被胁迫的，你得真心想去参加才行，就好像人们不停地在用脚投票⊖。在大多数情况下，他们之前没有见过这种类型的医疗保健系统，我们拥有实事求是的态度，真诚而坦率地在场参与，坚定不移地关注连通他们身心内部力量的潜能，为患者排忧解难，不论他们是因为什么问题来到我们诊所的。

在很大程度上，人们先会有所感觉，然后直到今天才

⊖　用脚投票（voting with their feet），用脚投票一词来源于股市，是指资本、人才、技术流向能够提供更加优越的公共服务的行政区域。如今随着时代的发展，用脚投票一词已经广泛地运用于其他的领域。2009 年 9 月，英国在医疗体制改革中打破原有的分区就诊制，允许公众"用脚投票"，即人们可以自由选择全科医生，远离那些服务质量不好的社区全科诊所。——译者注

付诸行动。他们刚开始可能不知道那是什么，但当有人能够真诚地在场和关心，而不是表现出屈尊降贵或故作亲密时，我们被看到、被听到、被遇见时，大多数人才会感觉更好。当我们被认为有能力的时候，当我们被认为有能力承担世界上最艰难的工作的时候，当我们被要求做很多事情的时候，我们会感觉很好，但这些都是建立在我们自身内在能力和智慧上的。已有超过 26 000 人参加了马萨诸塞大学的 MBSR 课程，MBSR 课程中成千上万的人来自全美乃至全世界各地。

　　我们自己会开玩笑地说，有时感觉好像我们的门诊也可以叫作基于正念的压力产生门诊，考虑到我们工作环境的节奏、强度和要求以及要持续服务受苦人群而伴随的内在压力，再加上需要完成无止境的工作任务和项目以达到最好的效果，这与其他任何工作或工作环境没有什么差别。但是，教师和工作人员将工作本身视为对正念实践的承诺，将正念引入工作的方方面面，而不只是引入课堂，这滋养了我们，也给了我们无数自我谦卑的机会，让我们看到并惊叹于我们有时是多么盲目和依恋。将工作本身作为对正念的实践，这鼓励我们再次一遍又一遍地进行意识的旋转，体验正念且不执着，全身心与当下如是待在一起，不管在任何时候或任何一天，去面对那一刻需要我们处理的任何事情，并带点适度的幽默。

你可以把这种定位称为"工作之道"，没有什么比这更有挑战性、更令人满意的了。最终，既然它建立在无为的基础上，它实际上也是虚无的，我们不需要为它做任何事，也不需要对它小题大做，然而，这种无为才真是顺应了"道之道"，"道常无为，而无不为"则是最主要的态度和观点。此外，这当然也需要大量的工作，不断尝试在有为和无为之间找到一种时时刻刻的动态平衡。讽刺的是，从事 MBSR 工作的人们都发现，它需要大量的有为去满足适当的条件从而进一步达到无为，并需要应对各种需求和挑战才能在如此繁忙的医疗环境中开设减压门诊，尤其是在一个可能不理解正交好处的环境中。

同样具有讽刺意味的是，觉知、意图和慈心可能在许多医院环境中仍然匮乏，这着实令人沮丧，这些特质从表面上看应该是医院所固有的，"医院"这个词代表着亲切盛情、尊贵欢迎、真诚接待。但不知为何，在医院和大量的医疗保健系统中，这个情况依然太容易缺乏——尽管没有人有意让它发生，让它消失，让它不被完全满足、听到或看到，也许它不被遵循到达成并获得个人满足感。医疗体系内部的工作人员可能都很出色，但这个体系仍然会让许多患者失望。

这个世界通过多种途径表达出迫切需要正交制度的愿望，它可以与现存制度共同发展，或者是在更大的正交世界中作为一个全新的、独立的存在。它确实存在于任何地方和所有地方，人们遵循着关注更大利益的原则，深入探究可能需要什么，然后关心内在和外在需要关心的东西——因为归根结底，任何内在和外在的分离仅仅是一种习惯性的便捷。

第八章

一项关于疗愈和心灵的研究

想象一下：一个患有银屑病的人，近乎裸体地站在一个圆柱形灯箱里，里面垂直排列着 8 英尺⊖长的紫外线灯泡，形成一个完整的外壳。她的眼睛用黑色护目镜遮住，以保护眼角膜，使之免受紫外线的伤害，头上还套了一个枕套来保护她的脸。（她的乳头也被遮蔽了，如果是男性，其生殖器也一样会被遮蔽。）风扇呼呼作响，让医疗中心地下办公室的陈旧空气得到流通。亮灯的时候，紫外光不仅照亮了灯箱和里面的病人，还因为灯箱上部是开放的，令整个房间充斥着诡异的紫色光芒，紫外线非常强烈，身体皮肤的每一处都暴露在紫外辐射之下，这种紫外线是特意选的、拥有极强的波长。

这种治疗方法被称为光疗。为了防止皮肤烧伤，病人每周治疗 3 次，持续数周，照射时长会随治疗时间逐渐

⊖　1 英尺 = 0.304 8 米。

增加，开始时只有 30 秒左右，几周后增加至 10 到 15 分钟，时长主要取决于病人皮肤的类型，白皙的皮肤当然更容易被灼伤。随着时间的推移，那些严重时会覆盖身体大部分区域的隆起的、红色的、发炎的皮肤斑开始变平并改变颜色，越来越像正常皮肤，当治疗完成后，皮肤看起来完全正常、光洁，看不到一点鳞片斑。

然而，这种疗法并不能治愈疾病。难看的皮肤斑可能会反弹，而反复发作往往是由心理压力引起的。人们对这种疾病的遗传易感性、主要原因或分子生物学知之甚少，它是皮肤表层细胞的失控增殖，但绝对不是癌症，快速生长的细胞不会侵入其他组织，也不会导致疾病或死亡，然而，在某些情况下，它会毁容，还会造成心理障碍。皮肤外观与常人不同，病灶又难以隐藏，因此病人处处遭人不待见，背负着各种社会歧视与污名，心理上极易受到伤害。患上这种病，就跟得了瘟疫一样，人人唯恐避之不及。小说家约翰·厄普代克（John Updike）捕捉到了这种痛苦的辛酸，只有像他这样有才华的作家才能发自内心地感同身受：

10 月 31 日。长久以来，我都是一名陶工、单身汉和麻风病人。我的病也许不是麻风病，但《圣经》中被称为麻风病的可能就是这个东西，它有一个扭曲的希腊名字，这个名字看上去太痛苦了，我实在不愿意写出来。这种疾病的表征如下：皮肤上有斑点或斑块，多余的皮肤像雪一样大量脱落，这些都是真皮在新陈代谢过程中由于微小但无法纠正的错误而产生的，它们的面积会不断扩大并缓缓蔓延至全身各处，就像墓碑上的苔藓，只是我身上的是银色的、有鳞的。在我休息的地方，到处都是这种雪花般的皮屑，每天早上我都要用吸尘器打扫我的床。病痛本身对我的折磨并不算深，只在肌肤：没有疼痛，甚至不痒。我们麻风病人活得很长，而且讽刺的是，在其他方面很健康。我们虽然性欲旺盛，但会令爱人作呕；虽目光敏锐，但不喜欢面对自己。从精神意义上来说，这种病的名字叫羞耻（Humiliation）。

11月1日。在我脱衣服时，医生吹了一声口哨："你这症状很典型呀！"……我注意到，他办公室的地板上撒满了雪花般的银皮屑，看来还有其他的麻风病人。因此，我并不孤单……当我穿上衣服时，银白色的皮屑像下雨一般洒落在地板上，这位医生专业地称之为"鳞片"，而我内心则称之为令人恶心的污秽之物。

——约翰·厄普代克

《麻风病人的日记》，《纽约客》，1976年

20世纪80年代初的一天，我参加了医学部举办的一个静修活动，了解了银屑病和光疗。我碰巧和一位年轻、开朗的男士坐下来吃午饭，原来他就是皮肤科主任杰夫·伯恩哈德（Jeff Bernhard）博士。我们聊了起来，当他知道我是减压门诊负责人，还知道我们向病人传授佛教禅修（尽管有时我会说"没有佛教色彩"）时，他问我，有没有听说过铃木俊隆（Shunryu Suzuki）的《禅者的初心》（*Zen Mind, Beginners' Mind*）这本书。

听到他读过这本书，我感到很惊讶，更让我惊讶的是他喜欢这本书。所以我们开始谈论冥想、禅，谈论我们（医学部）如何向病人提供基础知识，提供我们希望看到的，如铃木描述的那样训练和实践的本质（当然是基于一个完全不同的文化背景下的非宗教医院作了修正）。当他问我是否可以训练在光疗诊室接受治疗的银屑病病人，帮助他们在灯箱里放松时，我看到他脑子里突然灵光乍现。

然后，他描述了这种疾病及其治疗方法，几乎和我刚才了解到的一样，他还解释说，由于多种原因，接受光疗对他的病人来说是一种充满了压力的经历。首先，病人必须每周来医院三次，接受时间非常短的治疗，短到找一个停车位的时间可能都比治疗本身要长，随后病人不得不脱光衣服，用油涂满他的身体（往身上涂油这件事本身就是很讨厌、很难受的），然后戴上黑色的护目镜和套上枕套，赤裸地站在封闭空间的灯箱里，那里空气浑浊，灼热的高压强度灯烘烤着皮肤，周围充斥着电机的噪声，结束后，他们有些会洗个澡把油洗掉，但大多数人就让油继续留在身上，然后穿好衣服，上车。治疗只在白天进行，所以每周三次，持续三个月是非常不方便的，而且严重干扰了人们的日常生活和规律化作息，有工作的病人更麻烦。此外，治疗过程中，他们无法像接受其他治疗时那样阅读杂志或做其他事情来分散注意力，总而言之，整个治疗过程给人一种不体面、心烦的感觉。

杰夫问，我们在减压门诊为病人做的事情有没有可能帮助他接受光疗的病人放松，让他们能更好地应对自己在治疗过程中的压力？他很担心，因为他的许多病人甚至在皮肤康复之前就不再定期来看病了，另一些病人退出是因为整个治疗对他们的生活干扰太大。也许因为这种疾病没有生命危险，病人通常只是为了美观而接受治疗，再说疗效只是暂时的，并非永久性的治愈，所以接受长疗程治疗的病人动机不强。

杰夫想知道，冥想是否可以让他的病人在整个光疗过程中感到更愉快，是否增加了他们坚持治疗方案的动力。

当他这么说的时候，我正在脑海里想象着他所描述的一切，我自己的脑子里的灯泡也亮了（不是双关语）。是的，我回答说。我们当然可以教他的病人在灯箱里放松的有效方法，以及处理治疗中的各种不愉快，这似乎是指导他们进行站姿冥想的绝佳场所，因为他们不得不站在灯箱里，这可能包括呼吸冥想、听觉冥想、感觉皮肤上的光线冥想、观察大脑释放压力的冥想。总之，这一整套的正念练习都是根据他们在灯箱里每时每刻的体验量身定制的。我告诉杰夫，他的一些病人肯定会因此更放松，可能还会享受治疗，因为他们会积极地参与治疗，学会控制自己的注意力，从而可能降低因治疗的烦琐性带来的高退出率。

但是，我又说，我们还可以做一些更大胆的尝试。我猛然意识到光疗法的治疗流程非常适合研究心灵是如何影响疗愈这一重要问题。在这个过程中，我们可以随着时间的推移，看到整个疗愈的过程，并对其进行拍摄和跟踪。为何不对杰夫的银屑病病人进行这种以正念为基础的训练，将其作为小型临床试验的一部分，看看我们能否观察到心灵本身对皮肤治愈率的影响？我们可以把潜在的受试者随机分成两组，其中一组，病人站在灯箱里冥想，由一盒专门为他们而设计的录音带（这是 20 世纪 80 年代唯一可用的音频技术）引导；在另一组中，病人将以常规的方式接受光疗法，没有冥想引导。为了最大限度地增加我们找到心仪答案的可能性，我提议在后期治疗阶段，将光疗对皮肤疗愈作用的观想（visualization）纳入冥想，治疗周期越长，病人聆听这种冥想引导语的时间也就越长。

我们顺着这些思路进行了一项试点研究，看看会发生什么。结果发现，与不冥想的人相比，冥想者皮肤康复的平均速度快得多。有了这个令人鼓舞的结果，我们开展了重复研究，以此来验证这一结果不是偶然。我们纳入了更多的病人，采用了更严格的研究方案，并在试验过程中使用多种不同的方法来对患者的皮肤状态进行评定，包括定期拍摄最突出病灶，让两位皮肤科医生分别对照片进行独立评定。评定时，他们不知道病人来自哪组，也不知道病人是谁。

我们再次发现，冥想者比不冥想者疗愈得更快，这一次我们能够说出疗愈速度到底快多少。统计数据显示，冥想者康复的速度几乎是不冥想者的四倍。 ⊖

当这项研究还在进行时，著名记者比尔·莫耶斯（Bill Moyers）正在减压门诊拍摄美国公共电视特别节目——《疗愈与心灵》（*Healing and the Mind*）。正好是

⊖ Kabat-Zinn, J., Wheeler, E., Light, T., Skillings, A., Scharf, M., Cropley, T. G., Hosmer, D., and Bernhard, J. "Influence of a mindfulness-based stress reduction intervention on rates of skin clearing in patients with moderate to severe psoriasis undergoing phototherapy (UVB) and photochemotherapy (PUVA)." *Psychosomatic Medicine* 60 (1998): 625-632.

针对这期特别节目的问题，但是研究还处于进行中，我们只能缄口不提，着实令人沮丧，因为直到足够多的病人参与研究并完成整个治疗方案之前，我们都不希望对这项研究进行任何公众宣传，否则可能影响结果，也可能导致我们的研究结果难以发表。更重要的是，我们一直在等着看数据和分析结果，足够多的参与者能让我们有理由继续下去，但我们不知道会得到什么样的结果，当然如果知道的话又另当别论了。当我们的研究中有足够的患者可以开始数据分析时，节目的拍摄工作早就开始了。

几年后，这项研究发表了，我们可以公开谈论它，并讨论我们的研究结果揭示了心灵影响疗愈过程的可能性，或者说起码对一种疗愈过程产生了影响。

由于冥想者比对照组疗愈速度快得多，专业听众经常会问："那盘带子上有什么？"一定有什么特别神奇的东西才能产生如此戏剧化的结果吧？但磁带上的东西很普通，只有正念引导语和观想，以及中间短暂的静默。我有时会打趣说，磁带上什么都没有，只有静默，以及如何保持并运用好它。这在精神上是正确的，因为理论上说在 15 分钟之内，如此条件下（没有课，没有老师，没有作业，与常规的 MBSR 课程非常不同），你需要大量的口头指导来涵盖冥想练习的各个方面。

然而，磁带上的指导都是为了培养内心的安静以及按引导语引导心灵敞开。由此，你可以充分地关注自己，站在灯箱里的时候能全身心地投入体验光疗，同时相信它能帮助你的皮肤康复。

因为疾病和治疗都是与皮肤有关，很自然，该冥想的引导语主要侧重于培养对体表，即皮肤高度和持续的觉知——想象它在"呼吸"，感知所有与紫外线暴露有关的感觉，如高温、空气被风扇吹过皮肤以及吹到全身时的感觉。

虽然确实需要更多的重复实验，并对疗愈发生的可能机制进行更详细的研究，但我们的研究主要是找出心灵对于疗愈的潜力——这可能很重要。我们希望其他皮肤科医生能尝试重复验证我们的发现，特别是利用这个时代可用的新型分子技术，将其扩展到我们能力所及的范围之外。

我认为，这项研究的结果反映了一个潜存于所有人遗传本质中的特性，一种当我们看到减压门诊的患者被邀请、被鼓励并能够积极参与到自己的疾病治疗和医疗保健活动中时，一次又一次观察到的、以不同方式呈现出的一种内在特质。⊖

无论是独自站在灯箱里，还是与其他人一起参与MBSR课程，倘若某个病人积极参与到自己的医疗保健，

⊖ 前言中玛格丽特·唐纳德写给我的信就是一个例子。

则可视为一个"参与式医学"⊖的实例。在这个过程中，医生在履行治疗方案中发挥自己的作用，病人也在其中承担自己的任务和责任。有时，这种努力和意图的结合会产生有趣的结果，否则不会出现这些结论。我们关于银屑病的研究，以及有着大量记载的 MBSR 研究结果都表明，临床益处很可能依赖于我们所谓的"在场"（presencing），这种"在场"源于每时每刻的觉知，并通过正念的培养得以强化。

　　银屑病研究是一个后来被称为整合医学的例子。之所以称之为整合医学，是因为它将冥想等身心干预整合到更传统的医学治疗中。在这种情况下，身心疗法（冥想和观想）与对抗疗法（紫外光）在时间和空间上是共同实施的，你可以说它们相互正交，在同一时间占据同一空间。

　　需要知悉的是，银屑病研究中的受试者不能把引导冥想磁带带回家，也不能自己做正式练习——这与 MBSR 课程不同。MBSR 课程要求每天在家使用正念冥想练习磁带、CD 或现在的数码设备进行练习，作为课程训练的一部分。这一结果表明，即使是时间非常短的冥想练习，在适当的条件下，可能会对身体产生重大影响，也可能会

⊖　Kabat-Zinn, J. Participatory Medicine. *Journal of the European Academy of Dermatology and Venereology* 14 (2000): 239-240.

对心灵产生重大影响。最近，许多不同的研究探索了短暂的正念练习对身心影响的可能，并得出了非常有趣的结论。⊖

　　顺便说一句，MBSR 本身可以说是整合医学的另一个例子。首先，减压门诊是医学部的一个组成部分，来自许多不同科室和分支专科的医生以及来自内科和初级保健的医生，在适当的时候会将他们的病人转介到此进行治疗，作为他们整体治疗方案的一个基本要素。其次，它是与人们正在接受的任何一种其他治疗方式非常吻合的补充方案，有人可能会说整合医学是未来高品质医学的先驱——对于许多医疗中心及其病人而言，这样的未来在某种程度上已经到来。

　　我们在银屑病病人中开展的疗愈和心灵研究意义非凡，最瞩目的意义是，心灵可以一定条件下对治疗产生积极作用。冥想组中，病人所做、所想、希望或实践的东西都很可能成为他们皮肤加速康复的原因。可能是冥想练习本身，或者是观想，或者是他们的期望、信念、意图，又或者是以上所有因素的组合；在开展进一步的研究之前，我们无法确定到底是什么加速了皮肤的康复，最终都可以

　　⊖　Zeidan, F. et al. "Mindfulness Meditation Improves Cognition: Evidence of Brief Mental Training." *Consciousness and Cognition* 19 (2010): 597-605.

说在某种程度上与心灵活动有关。

　　另一个意义是，参与式医学在某些情况下可能会节省很多钱，我们的研究事实上又是一项成本收益研究——这是该研究的一个内在特点。更快的疗愈意味着需要更少的治疗来达到皮肤的康复，因此，冥想者将产生更少的医疗费用。因为医疗保健费用在不断攀升，即便健康维护组织（health maintenance organizations）介入也只是短时间内遏制增长势头，所以如果能让病人个人随时随地以更为简便的方式增进自己的身心健康，并将此作为对当下医疗体系（当前来说，我们的医疗体系还只是最基本的疾病治疗体系）的补充，这就有望大幅、持续降低医疗费用，极大地提高病人对医疗服务的满意度，让全社会各年龄段人们的总体身心健康获得巨大提升。

　　更重要的是，由于紫外线本身就是导致皮肤癌的一个风险因素，治疗次数越少就意味着暴露在紫外线下的次数越少，降低了光疗法的副作用——患皮肤癌的风险。

　　银屑病是一种细胞失控增殖的疾病，在某些方面类似于癌症——事实上，与银屑病有关的某些基因似乎也在基底细胞癌中发挥作用。银屑病研究显示，心灵可以对皮肤康复产生积极影响，同样，在皮肤癌中那些更危险的、失控增殖的细胞可能在某种程度上也会对类似的冥想练习和希望疾病康复的意念产生有利的应答。

最后，由于治疗期间冥想者孤独地站在灯箱里，只能听录音带的引导录音，却从未见过引导训练的人，所以我们的研究结果不能归属于社会支持。众所周知，社会支持对健康和幸福感的影响力很大，因为它为人们提供了一种归属感，它令被孤立的个体感到属于一个大群体，无论这个群体是家庭、教会组织、民族或文化群体，甚至只是一个临时的小团体，比如参加 MBSR 课程的病人。由于光疗法的程序是让他们在灯箱中单独接受治疗，与其他病人之间是隔离的，与护士和医生之间亦是隔离的，因而治疗的结果很可能来源于每个人内在的精神努力和看待疾病治疗方式的态度。当你赤身裸体，独自站在一个圆柱形灯箱里，在酷热的环境下，戴着黑色的护目镜，头上套着枕套，又能得到多少社会支持呢？

与进行单独正念练习的银屑病研究不同，我们几年后开展的一项相关研究则对在整体上开展基于团体的 MBSR 课程与主动控制干预（HEP，健康增强计划）进行了比较研究，后者除了正念训练本身，其他方面都与 MBSR 课程相匹配，这项研究着眼于所谓的神经源性炎症。在这项研究中，研究对象不是银屑病等慢性炎症性皮肤疾病病人，研究人员在实验室将辣椒素（辣椒中让人们感受到辣味的成分）注射到受试者皮下以诱发无痛的炎症反应，之后，受试者浅表皮肤会出现泡（但并不痛），研究者会系统记录这个泡的尺寸，检测炎症区域体液产生的炎症化合物，即促炎细胞因子。这项研究由当时任职于威斯康星大学健康心智中心的科学家梅丽莎·罗森克兰茨（Melissa Rosenkranz）完成，该研究发现参加 MBSR 课程的人的促炎细胞因子比对照组的人显著减少。⊖她还在一个相关的研究中发现，那些长期正念修行者一生大约进行了9000 小时的练习，这些有经验的冥想者在引起水泡反应的刺激实验中呈现出了较小的炎症斑块。⊖记得在前面提到的银屑病研究中，参与者每次只在灯箱里待几分钟的时间，每周三次，持续数周，所以在整个疗程的研究中，所有的冥想练习时间加起来最多只有一两个小时。

有趣的是，这些长期从事冥想练习的受试者在接受研究时并没有参加高强度的冥想或静修。这表明，每天定

⊖ Rosenkranz, M. A., Davidson, R. J., MacCoon, D. C., Sheridan, J. F., Kalin, N. H., and Lutz, A. A comparison of mindfulness-based stress reduction and an active control in modulation of neurogenic inflammation. *Brain, Behavior, and Immunity* 27 (2013): 174-184.

⊖ Rosenkranz, M. A., Lutz, A., Perlman, D. M., Bachhuber, D.R.W., Schuyler, B. S., MacCoon, D.G., and Davidson, R.J. Reduced stress and inflammatory responsiveness in experienced meditators compared to a matched healthy control group. *Psychoneuoendocrinology* 68 (2016): 117-125.

期进行正念练习可以减少炎症，而不仅仅是在进行高强度冥想期间，比如正在参加 MBSR 项目的时候。换句话说，当你在生活中把正念练习培养成了一种规律的习惯，它便会使你的身体不易发炎。强有力的证据表明炎症可能是许多不同慢性疾病的潜在原因，那么将正念纳入日常生活，特别是当我们面对常见的压力时，定期进行冥想的正式练习，可能是一种有效促进终身健康的方法，这也充分证明在生活中采取有效的措施来抵消压力非常重要，因为压力常常占据了我们日常生活中的很大一部分。

第九章

关于幸福的研究：冥想、大脑和免疫系统

　　我们还与威斯康星大学麦迪逊校区的一个研究团队直接合作，开展了另一项关于正念对幸福感和健康影响的研究。本章主要讨论了 MBSR 本身的一些效果。当然，采用这种方法的人一般会在大班教学中按照现场讲师的指导来学习和练习冥想，而通常不会像上一章关于银屑病研究描述的那样，一个人面对灯箱，仅靠教学录音进行冥想练习。

　　想象一下：我们在麦迪逊招募了当地一家生物高科技公司的员工参与这个研究项目，旨在探索冥想对大脑和免疫系统如何应对压力的影响。所有参与该研究项目的志愿者首先在实验室中接受了四个小时的基线测试，在此过程中研究人员让每个志愿者参与一系列产生愉悦或压力的任务，使志愿者受到各种情绪刺激的挑战，研究人员则对这

些志愿者大脑功能的不同方面进行了评估。在完成此项初始测试之后，研究人员将他们随机分成两组：第一组参加了从当年初秋开始的为期八周的 MBSR 课程；第二组则被要求等到次年春天才参加该课程。但是在当年秋季结束时，两组中的所有人，无论是否已经参加过 MBSR 课程，都回到实验室以相同的方式再次参加测试。在第二次测试四个月后，每个人又接受了第三次测试。

在本研究中，第二组称为候补对照组，以便我们比较参加 MBSR 课程实验对象的结果和尚未参加该课程同类实验对象的结果。⊖理论上也应测试 MBSR 课程对春季组的影响，这一设计才更理想，但我们没有那样做，因为作为此类研究的首次尝试，那样会在时间和经济成本两个方面都过于高昂。

与我们合作的这家公司发展前景广阔。该公司的首席执行官在批准进行此项研究的过程中起到了关键作用，支持其员工在工作时间内就地参与我们的研究。但是，参与者每周仍需挤出两个半小时上课，并在课后抽时间完成落下的工作任务。这也使得参加秋季 MBSR 课程的组比候补组承受了更大的压力，因为他们必须调整时间表以适应自愿接受的新任务。

⊖　HEP 比较对照组在十年后才出现，与 MBSR 实验组在各个方面都完全匹配，只是缺少了冥想这一因素。

　　最重要的是，这两组中的每个人都要在三种不同场合、每次四个小时，进入实验室。这对于每名实验对象来说都是一种压力——他会被安排坐在一间暗室中，头戴EEG（脑电图）电极"头盔"，其间不能进食、饮水或去卫生间。在技术人员指导下完成一系列被称为压力和情绪刺激测试，以了解大脑如何应对这些测试，某些测试（例如在时间压力下从数字100开始每次减3倒数，同时又知道研究人员正在监视自己的大脑活动）可能使他败下阵来。

　　这里有必要先介绍一下有关于大脑的背景知识，大脑皮层是我们大脑的最大部分，也是最新进化的部分，参与了我们人类所有的高阶认知和情感加工。大脑分为两个半球：左半球和右半球。在无数功能中，左脑半球控制着身体右侧的运动和感觉功能，而右脑半球则控制着身体左侧的运动和感觉功能。

　　这个团队中的科学家以及其他科学家经过数十年的研究表明，左右脑半球在情感表达方面存在类似的大脑不对称现象。左侧额叶和前额叶皮层的特定区域（大致位于前额后面的大脑区域）的大脑活动往往与积极情绪的表达相关，例如幸福、快乐、精力充沛和机敏。相反，大脑右侧类似区域的活动似乎在表达消极和令人不安的情绪（例如恐惧和悲伤）时会被激活。我们每个人都有一种性情原点（temperamental set point），由大脑两侧之间的基线比率所定义，形成了我们的情绪倾向和气质特征，在此项研究之前，性情原点被认为是终生不变的。

有趣的是，右侧大脑皮层这些额叶区域的激活通常也与回避有关。该理论不仅适用于人类，也适用于灵长类动物，也许在其他哺乳动物物种中，例如啮齿动物，也是适用的。另一方面，左侧大脑激活与亲近相关联，是以愉悦为导向的响应。亲近和回避是所有生命系统最基本的两种行为，即便是没有神经系统的植物也是如此，同时由于这两种特性是所有生命的基本要素，并受到经验和社会规范的高度制约，所以它们也成为我们人类最显著的特征。因此，我们很容易陷入对生活中各种事件习惯性和无意识的情绪反应，甚至被其"绑架"，这主要取决于我们如何看待发生在我们身上的这些事情。如果某个事件或情况被认为是有威胁的、有害的或令人厌恶的，那我们就会本能地倾向于避免这种情况的发生，我们的原始动机是生存，而我们受到的社会熏陶则会巩固这种本能。但如果某个事件或情况被认为是令人愉悦的或振奋的，无论是美味的食物还是舒适的社交环境，或者仅仅是令人惬意的条件，则会把我们吸引过去，因为愉悦的体验引起了人们对更多愉悦体验的向往，也让人们意识到某种事物可以带来愉悦感。我们如果能显示出有某种能力，对这些根深蒂固、高度条件化的情绪反应进行高明的控制和有意识的调节，则表明正念可能有助于人们更有效地处理一些非常基本的情绪和动机条件——这些与依恋和厌恶情绪相关，几乎对我们所做的一切都产生了影响。

基于上述所有原因，我们最为感兴趣的是，实验对象在接受MBSR八周训练后，尤其是处于充满压力的工作环境下，大脑中的性情原点会发生什么变化？额叶和前额叶皮层特定区域的左右激活比率如何？人们会学习更好地应对压力吗？这样的变化会在他们的大脑中反映出来吗？我们能否将这种变化与生物学上重要的健康指标（例如免疫系统暴露于病毒环境中的反应水平）相关联吗？这些都是我们在本研究中试图回答的问题。但是，在介绍我们的发现之前，我们得先考虑一下进行此类研究所涉及的一些挑战。

从研究计划伊始，我们就有很多顾虑，对这些基本健康、工作环境相当优越的劳动者进行如此详尽而昂贵的研究是否妥当？MBSR的临床效果已经在医院环境中得到证实，对患有慢性病以及经受各种压力和疼痛情况的内科患者产生了疗效。这些患者之所以选择MBSR，是医生根据他们患病的状况而推荐的，因此，与那些自愿参与本研究的高科技公司员工相比，这部分患者或许会更加积极地投入冥想练习和正念培养。而对于这些自愿参与研究的员工，他们的动力部分来源于对扩展人类大脑和情感的科学理解做出贡献的愿望，以及通过学习应对压力的新方法获得一定个人利益的预期。但我担心这些动机可能和参与减压诊疗患者的动机强度有巨大差异，因为患者接受正念减压治疗的动机就是所患的疾病，还有因这一基础性疾病带来的高水平的情绪波动和身体困扰。换句话说，他们要与慢性压力、疼痛和疾病作长期斗争，而公司员工是否有足够的动力进行实际练习而不仅仅是走过场呢？

实际上，在我们首次访问该公司并以贵宾身份实地参观时，我们非常担心作为潜在研究对象的员工、科学家、技术人员、经理和其他人员是否会有心理压力去讨论看似很轻松的话题。我们即将开始一项耗资巨大的研究，而且没有现成的试验数据表明 MBSR 课程会对这种环境有任何积极反应，无论是就志愿者参与研究并认真冥想的动机而言，还是考虑到他们的压力水平明显较低可从中受益的程度而言。总之，他们的工作环境似乎好得不能再好了，可能不利于我们开展这类研究。

同时，我们也非常清楚，人是人，工作是工作，人的心智是人的心智，所以我们也怀疑，这种环境下的压力可能会比肉眼看到的更大，结果事实证明确实如此。

现在回到研究本身，这项研究展示了一些有趣的结果。⊖ 在冥想训练之前，这两组实验对象的大脑活动模式无法区分。经过八周 MBSR 训练后，冥想组某些区域的左脑激活比率比右脑激活明显升高，而对照组实际呈现反向的转变，即右脑激活比率变得更高。⊖ 与对照组相比，无论是在静息基线条件下，还是在对各种应激任务的反应中，MBSR 组的大脑皮层左前额叶区域的激活程度都更高。这些大脑的变化会使人在压力状态下朝积极情绪方向转变，并且能更加有效地处理消极情绪。

我们还发现，为期八周的 MBSR 训练结束后，冥想者大脑左右激活比率的变化还能持续四个月，而在对照组中则没有观察到这种变化。这一结果表明，过去被认为是大脑中控制情绪调节、恒定不变的性情原点也许并非一成不变，可以通过正念培养来调节。

⊖ Davidson, R. J., Kabat-Zinn, J., Schumacher, J., Roserkranz, M. S., Muller, D., Santorelli, S. F., Urbanowski, F., Harrington, A., Bonus, K., and Sheridan, J. F. "Alterations in brain and immune function produced by mindfulness meditation." *Psychosomatic Medicine* 65 (2003): 564-570.

⊖ 尽管我们不能确定，但我们将对照组大脑的这种反向转变解释为：可能是这些研究对象越来越沮丧的结果，因为他们不得不再次、三次返回实验室，且知道研究人员在观察他们的大脑，因为备受压力。相较于左侧大脑激活，这种沮丧感会更大程度地体现在右侧大脑激活。

在课程项目结束时和随后四个月的随访中，这些关于大脑变化的发现与焦虑特质较低（被定义为一种持久的焦虑倾向）的冥想者的第一手报告一致，都表明与冥想开始时相比，接受冥想训练后的两个采样时间的身心压力症状均明显减少。

课程结束时，我们还给两组实验对象都注射了流感疫苗，看看他们的免疫系统会有什么反应。冥想者是否会比对照组表现出更强的免疫反应，即通过接种疫苗产生抗流感病毒抗体？事实上，他们做到了，而且效果远不止于此。当我们绘制出冥想者大脑的变化程度（从右向左转变）与免疫系统的抗体反应时，我们发现两者之间存在线性关系。大脑变化越大，免疫反应就越强，对照组中则没有表现出这种关联。

这一切意味着什么？研究表明，通过 MBSR 课程和正念训练，并将正念带入日常生活，身心健康都出现很重要的可测的变化。它还表明，人们在工作和面临巨大压力时，可以通过参与课程受益，至少能短期受益。

该研究还表明，冥想练习可以调节大脑中负责情绪处理的一些脑回路，例证了大脑对体验和练习做出反应时体现出极强的神经可塑性。正如你在本书看到的，我们在研究中观察到 MBSR 课程影响大脑从右侧激活向左侧激活转变的意义，目前尚没有定论，因为还从未在长期冥想者中观察到这一转变。对此，我们假设这一发现在冥想初学者之中是真实存在的，因为在其他一些研究中也观察到了同样的变化，而且所有情况都显示大脑激活区的转移是同向的：从右半球到左半球激活。我们认为，这意味着冥想产生的某种程度的亲近动机和热情与早期阶段的日常冥想练习可能存在一定的关联，但这种关联会在规律练习的冥想者中消失。此外，这一团队近期更多的研究还显示，MBSR 课程可以通过降低杏仁核（对积极情绪的刺激）的反应水平和增强杏仁核与额叶皮层及情绪调节相关区域（腹内侧前额叶皮层）之间的功能连接，对大脑中的情绪调节回路产生积极影响。⊖

*

我们的研究初步证明了正念练习可以减少人们陷入消极情绪，削弱消极情绪对我们的控制，有助于提高情商、平衡情绪，最终，除了我们观察到的免疫系统受益，还能使我们获得更大的幸福感。正如亚里士多德所说：有时幸

⊖ Kral, T.R.A., Schuyler, B. S., Mumford, J. A., Rosenkranz, M. A., Lutz, A., and Davidson, R. J. Impact of short-and long-term mindfulness meditation training on amygdala reactivity to emotional stimuli. *Neuroimage* 181 (2018): 301-313.

福感（eudaemonia）竟是如此深刻，成为我们天性的一部分，它就像太阳一样，永远闪耀着光芒。然而，就算我们与生俱来的强大幸福感会被自己头脑中的阴霾和暴风雨带来的阴晴不定所掩盖和强烈制约，但正如太阳不受地球上天气的影响一样，我们与生俱来的幸福感也不受生活中萦绕在我们周围的因素和条件所影响，即使我们并不总是记得这一点。我们内在的幸福感在面对林林总总的灾难时可能并不总是显而易见的，但是，正如我们的研究所显示的那样，正念练习可帮助我们随时随地获得一定程度的幸福感，这种幸福感是可以被触摸、被挖掘，并更多地贯穿于我们的日常生活。

第十章

小矮人

　　此前，我们无意中发现了这个奇怪的词——homunculus（拉丁语，意思为"小人"，或者"小矮人"），是弗朗西斯·克里克提出的，他说，你脑袋里面不存在这种负责和解释你意识的实体——当我们想要弄清楚"我"和"我的"时，当我们没有特别关注我们在谈论谁时，或者当谁出现了这种想法或任何其他相关的想法时，这种感觉就会非常强烈。

　　在你的头脑中肯定没有任何类型的"小矮人"在感知你的感知，感受你的感觉，指导你的生活。我们有不可忽视的事实、觉知和感知觉体验，但是，如我们所见，这是一个巨大的谜，在根本上是客观的，除非我们选择坚信那个在传统意义上是孤立的、独立实体的自己。然而，经检验证明它比实际的更虚幻。

　　但有趣的是，不论我刚才说了什么，"小矮人"这个词在神经科学中有着重要地位，它被用来描述身体部位在大脑中的不同图示，正如你在下图中看到的（见图10-1）。

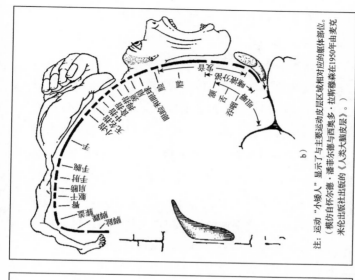

注：运动"小矮人"显示了与主要运动皮层区域相对应的躯体部位。
（模仿自怀尔德·潘菲尔德与西奥多·拉斯穆森在1950年由麦克
米伦出版社出版的《人类大脑皮层》。）

b)

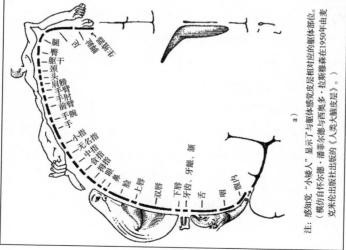

注：感知觉"小矮人"显示了与躯体感觉皮层相对应的躯体部位。
（模仿自怀尔德·潘菲尔德与西奥多·拉斯穆森在1950年由麦
克米伦出版社出版的《人类大脑皮层》。）

a)

图 10-1 感知觉与运动"小矮人"

　　我们在做身体扫描时顺便提到过这个问题（见《觉醒：在日常生活中练习正念》）。你的大脑中有许多我们称之为拓扑图的东西涵盖了你的整个身体。从某种意义上说，它们就像地图，几乎身体表面的每个区域及其底层肌肉组织在大脑中都有一个相应的区域与之相连，并保持着紧密的相互关系。这个事实想起来就很有趣，如果去做经验上的探索定会更有趣，这就好像你所居住的城镇地图，上面的每一个位置都与城镇本身的每一个特征直接关联，而大脑是一张非常不寻常的地图，更重要的是，如果你没有地图，就不会有这个城镇，虚拟现实技术将通过模拟任何可以想象的领域，为地图和体验的相互作用增加一个全新的维度。你可以说，远在数百万年前，进化就发现了这一点，并在多个层面上不断对其进行完善，包括我们的技术，但对我们的生命和健康最有价值的，则是人类有潜力培养自我觉知的高度觉知，包括对我们的身体和对我们经验宇宙中的一切事物的高度觉知。

　　位于大脑皮层的其中一幅拓扑图涵盖了我们的触觉，另一幅图则涵盖了参与自由运动的所有身体部位。触觉位于大脑中一个被称为躯体感觉皮层的区域，它是一个带状区域，跨越了从大脑一侧到另一侧的大脑皮层；自主运动区域存在于所谓的运动皮层，位于额叶后部，在躯体感觉皮层正前方的一条带状区域内，并由大脑深处的褶皱隔开。其他的感官，比如视觉、听觉、嗅觉和味觉，大脑都有专门的区域主要负责这些感官：例如，视觉皮层位于大脑后部（枕骨区域），听觉皮层则位于大脑两侧（颞叶）。触觉和运动涉及身体的每一个区域，它们在大脑中的地图被称为小矮人，按照身体表面皮肤和控制自主运动的肌肉组织来绘制地图，如果你按比例画出它们控制的区域，你就会得到像图 10-1a 和图 10-1b 展示出的那样扭曲的图像，体现出它们在相关的大脑皮层区域上的定位。

实际上，对于感觉小矮人和运动小矮人，各有两种不同的地图，位于大脑的两个半球。我在前面的章节中已经描述过大脑皮层，当讨论到我们的正念练习对大脑和免疫系统及压力情绪处理的研究时，可以认为大脑皮层包含两个主要部分，左半球和右半球，专门在某些方面发挥不同功能。

在触觉或运动的拓扑图中，大脑左半球的拓扑图关联（或者我们可以说控制）身体的右侧，而右半球的拓扑图关联或控制身体的左侧。

20 世纪四五十年代，加拿大神经外科医生怀尔德·潘菲尔德（Wilder Penfield）在蒙特利尔首次绘制了躯体感觉和运动皮层图。正是潘菲尔德发现可以根据每个大脑区域的大小来画出身体的比例模型，通过这种方式，你确实能够绘出一个小男人（或小女人）的图像，但是，这个图像因为支配身体各个区域的运动或感觉神经元密度不同而高度扭曲。

令人惊讶的是，潘菲尔德在对 1200 多名患有难治性癫痫的意识清醒（即没有麻醉的）患者进行开放式大脑手术的过程中发现了这些在大脑中的身体地图，这些患者的癫痫发作无法用药物控制。潘菲尔德在得到病人的许可后，用一个电极刺激暴露皮层的不同区域（暴露的大脑感觉不到痛，因为大脑的表面没有感觉神经末梢），在某种程度上是为了确保该手术不会损伤患者的语言能力，通过这种方式，他发现病人会对特定区域的刺激产生感觉，例如身体不同部位的刺痛感。他小心翼翼地移动电极，并从意识清醒的患者那里得到口头报告，潘菲尔德能够将整个身体映射到躯体感觉皮层的表面，从而绘制出感官小矮人的画像。

在产生这些感觉的其他区域，潘菲尔德发现对大脑的电刺激会导致身体多个部位的肌肉抽搐或其他运动。通过这种方式，逐渐将身体映射到运动皮层的表面，从而呈现出运动小矮人。

从本章开头的那张图中，你能立马看出大脑中的身体地图不是完全相连的，而是以一种非解剖学的方式分解的。例如，指代手的区域出现在脸部和头部之间，生殖器地图位于脚趾下面某处。地图的比例也不像人体，每一个图看起来都更像一幅漫画，嘴、舌头和手指都过大，而躯干、胳膊和腿却都很小，这是因为大脑中的地图与连接身体各个区域的感觉或运动神经元的数量有关。例如，比起胳膊或腿，我们有更多的感觉和能力区分我们的手、手指和舌头、嘴唇上不同种类的感觉（记住，在婴儿时期，我们把东西放进嘴里是我们认识世界的第一种方式，也是我们与世界连通的方式，通过这种方式我们能够获知事物是怎样的）。当然，从运动角度来看，手指、手、嘴唇和舌头在行动上比其他包括后背中部或腿后部有更大的自由度，能做更细致的动作。以舌头和嘴巴为例，在发出 Cape Cod 的音时，我们可能会惊讶于它是如何轻易地将 Cape 中的 c 和 Cod 中的 c 音区分开来，虽然这两个 c 在发音上略有不同，舌头却能轻而易举、不假思索地区别发出，因为说话和发音调动了大量运动神经的参与。

躯体感觉地图各个区域的大小也与该区域对应身体部位输入的相对重要性以及使用频率有关。从生存的角度来看，从你食指获得的信息比从你肘部获得的信息更有用，同样的道理，嘴、唇和舌头的触觉在输出可理解语言的过程中也非常重要，因此在地图上所占的位置比后脑要多，这当然会增强接吻时的愉悦感和连通性。

　　大脑中的躯体感觉地图及其他地图都位于大脑皮层上另一个专门的区域，称为脑岛，这表明，每当我们出现感觉——比如身体某处的瘙痒、针刺感或麻刺感，都在身体特定部位的躯体感觉皮层和岛叶皮层中有对应的活动区域。我们甚至不用看就能"感觉"和"知道"身体的哪个部位被触摸了，因为它会在我们大脑中的身体地图上发光。假如这些指示性地图没有紧密关联大脑皮层，而是大脑的其他区域负责解释和完成体验感觉并将其对应至某个适配的情绪基调，那么仅仅靠该区域单方面的感官输入是不会导致任何类似我们体验的感觉、感知或了知的。这些身体和大脑内的神经元网络构成了很多通路，通过这些通路，我们可以觉知任何特定时刻我们身体的任何一个部位产生的任何一种感觉。

　　即使你失去了身体的某个部分，你仍然可以感觉到它好像还在那里，因为它仍然在大脑的地图上。如果被截断的手臂或腿残端的神经末梢有自发性活动，就会刺激这些神经末梢连接的地图区域，它将产生肢体还在那里的体验，也就是幻肢现象。

　　最近的研究表明，大脑中的身体地图具有极强的可塑性，能在体验式培训学习后和受伤恢复后重新组织自己，我们称其为神经系统的可塑性或神经可塑性。在失去四肢或手指的情况下，与身体缺失部位相连的大脑区域最终都可以重新组织它与身体另一相邻部位区域连接。实际上，躯体感觉皮层会重新调整自己，以适应身体状况的变化，一段时间后，刺激脸部或缺失手臂附近其他部位，也会刺激到与缺失手臂相对应的大脑区域，并通过这一"歧途"触发"幻肢"体验。

虽然，拥有较多的躯体感觉皮层对于肢体缺失的人而言可能会是个问题，但在其他情况下可能会出现潜在的益处。一项基于弦乐器演奏者大脑成像的研究表明，躯体感觉皮层中负责指法的区域比负责拉琴的区域要大得多，拉琴的手虽然也是演奏的重要部位，却不能像控制指法的手那样感受到手指的感官刺激。同样的道理也适用于布莱叶盲文的读者，阅读用的食指与他们另一只手的食指相比，躯体感觉皮层区域更大。

一系列非常有趣的实验得出的结论表明，人类和动物的大脑皮层地图是动态的，能够随着时间的推移根据经验变化而发生变化，尤其是重复使用和学习的时候，这个特点不仅适用于躯体感觉皮层，也适用于运动皮层、视觉皮层以及听觉皮层地图。

事实上，越来越多的证据表明，我们大脑中的身体地图是非常动态的，能够在我们生活过程中不断发生变化，特别是在对我们几天、几周、几月、几年定期进行的活动

做出反应时。[⊖]

不仅如此，大脑中的每个地图都与大脑其他系统高度协调、合而为一，因而我们可以完成精密、复杂的运动，这需要一系列不同的感觉和本体感受每时每刻都进行输入，例如伸手、抓住物体或击打以时速一百英里[⊜]飞来的棒球；或者需要高灵敏度精细运动的活动，比如拿起回形针；或者体现和表达情感的动作，比如跳舞。

最新的脑功能成像研究在保持了上万小时密集冥想练习记录的佛教僧侣和冥想者中开展，上一章中提到的研究团队，也在威斯康星大学健康心智研究中心开展了十几

⊖ 举个例子，一项研究对比了伦敦有经验的出租车司机和正在接受执照考试培训的出租车司机的大脑，从而验证经验驱动型神经可塑性。研究发现，与那些正在接受培训的出租车司机相比，有经验、有执照司机的后海马体要大得多，而他们的前海马体则相应地要小得多，那些正在培训的司机还没有学会在中世纪迷宫般的伦敦街道上轻松行驶。事实证明，后海马体在空间定位方面发挥着重要作用，它似乎也在物理形态上更大，因而能将伦敦的街道地图以及所有环岛、单行线和复杂的交通模式等相关知识"包含"在内。纯属娱乐，让我们来想象一下，如果一遍又一遍地做身体扫描可以用类似的方式扩大和重塑你的躯体感觉皮层和大脑的其他相关区域。经过多年的练习，我们与身体的联系当然会更加密切，大脑也很可能会根据这样的日常训练而重新排列自己。别忘了，你的身体远比伦敦街道的布局复杂多了，出租车司机亲切地称之为"知识"。

⊜ 1 英里 = 1609.344 米。

年的相关研究，他们揭示出大脑不同区域内的大脑激活水平、连贯性和同步性，发现特定冥想练习相关的激活模式具有稳定性。

此外，在参加过八周 MBSR 课程，能够在工作时冥想的人群身上，我们已经观察到右侧额叶皮层的大脑活动有所降低，这部分的大脑活动与压力下的消极或破坏性情绪有关，而且这种新的活动模式的持续时间可长达四个月。正如我们所看到的，这一发现指出了冥想练习和神经可塑性之间可能存在相关性，以及通过系统和严格的思维训练，大脑的这种变化是如何随着时间的推移被调动和巩固，从而达到有益效果。

回到最基本的感知觉体验，我们需要再次提醒自己的是，正如其他感官一样，我们如何从神经末梢的激活（比如肩膀）——可理解为各种感官刺激——到获得感知觉体验（比如触摸身体的某个部位获得触感）仍然是一个谜。关于整个身体的感觉是如何产生的，体内不同部位的个体感知觉是如何产生的，认知科学没有给我们一个完整的解释。我们如何知道我们所知？我们如何产生身体的内部体验和所处世界的外部体验？这都是感知觉奥秘的一部分。⊖

⊖ Chomsky, N. *What Kind of Creatures Are We*? Columbia University Press, New York, 2016. (Especially Chapter 2: "What Can We Understand?")

在练习身体扫描时，我们是在系统地、有意图地将我们的注意力转移到身体各处，关注身体不同部位的各种感知觉。我们能够注意到这些身体的感知觉是非常了不起和不可思议的，而你能够说出这些感知觉并完成这一练习，那更是非常神奇的了。我们可以在生病的情况下做练习，一时兴起或以一种更规律和系统的方式都可以，这更令人觉得神奇。不用动一块肌肉，我们就可以把自己的思维放在身体任何我们想放的地方，从而对在那一刻出现的所有感觉有所意识和觉知。

凭经验来讲，我们可以将所做的身体扫描描述为接收或打开这些感觉，允许自己觉知正在发生的感觉，虽然我们通常关掉了其中的大部分，但感觉就是如此明显、如此平凡、如此熟悉，让我们很难意识到它们已经在那儿了——我其实想说已经在这儿了。当然，基于同样的理由，我们可以说，在我们生命中的大部分时间里，我们几乎不知道我们在那里——我指的就是当下——体验着自己的身体，安住于身体之内，关联着自己的身体……这些话实际上完全不能表达出体验的本质。正如我们已经观察到的，当我们在谈论体验的时候，语言本身迫使我们谈论一个"有"身体的、独立的我，最终听起来我们是二元性的，这点很令人失望。

然而，在某种程度上，确实存在一个"有"身体的、独立的我，或者至少存在一种非常强烈的表象和经验可以证明这一点。这就是我们所谓的传统现实本质的特征，与之相对的便是表象水平。因此，身体、身体的感知觉（客体）、感知觉的感知者（主体）都属于相对真实领域内的概念。这些看起来是独立和不同的，或者说人们觉得它们是独立和不同的。

还有一些时候，我们都会偶尔经历纯粹的感知，它们有时出现在冥想练习的过程中，有时则出现在生命中非常特殊的时刻。然而，我们可以随时处于这样的时刻，因为它们是觉知固有的属性，我们在体验感知时，感知本身会将明显的主体和明显的客体统一起来，主体和客体消融后转化成觉知，觉知的范畴远大于感知觉，它有自己的生命，与身体的生命分离，但又紧密依赖于身体。

一般来说，当生病或受伤，尤其是神经系统自身受损时，我们缺乏可运作的完整身体，觉知就会被大大剥夺——完整的神经系统为我们提供了通往感觉感官世界的通道。然而，就像其他大多数事物一样，我们依然把这些能力视为理所当然，以至于几乎注意不到生命中每一个与体验相关的微妙时刻，无论是内在的还是外在的感知都依赖这些能力得以产生。从字面上来说，我们从感官中的获益可能会比平时常做的其他事情更多。如果把思维或者觉知本身也算作一种感官——可以称其为终极感官，我们可能会意识到人类一切认知都来源于感知觉。

在身体扫描冥想练习中，当我们一个部位接一个部位地进行扫描时，就会很清楚地发现这实际上是同时密切地扫描躯体感觉皮层和大脑其他区域的地图，比如脑岛。地图和"身体"并不是彼此分开的，它们事实上并非不同的"事物"，而是我们在与身体接触时所体验到的一个无缝整体的一部分（此处还是无法用语言表达）。如果某个地图或身体本身受损，或它们之间的连接被切断，我们可能就不会体验到感觉，抑或体验到非常不同的感觉。

然而，觉知这一概念的引入在某种程度上增强了这一复杂事物的感知觉，也增强了大脑和身体的连接，为体验本身提供了更广阔的视角，至少感觉上是这样的。也许是躯体感觉皮层真的在对这类有规律的冥想练习做出反应后重新排列了自己，所以当我们与"身体图景"（bodyscape）的各个维度协调一致时，我们肯定会体验到我们对身体的觉知变得更精准、更微妙、更敏感、更生动、更稳定、情感上更细腻。说来有趣，正是这种体验感支撑着大量患者参加正念训练，他们声称，在每天做全身扫描的这几个星期内，他们与慢性疼痛，或与癌症、心脏病，或与他们的恐惧感之间的关系，以及他们对自己身体的看法都发生了巨大的改变。

在练习身体扫描时，身体会有更强烈的感知觉，甚至会有更多的疼痛，某些区域的感知觉会加剧，这并不罕见。与此同时，在正念练习的背景下，不管感知觉是什么，也不管感知觉多么强烈，都会被更敏锐、更准确地觉察，不需要过多解释、评判和反应（包括厌恶的感觉，以及逃跑、逃避的冲动）。

在做身体扫描时，我们学会与纯粹的感知觉建立起一种更加紧密的联系，敞开心扉，坦然面对感知觉和觉知在交互过程中产生的是是非非。因此，即使当感知觉非常尖锐时，我们也变得没那么容易受到干扰，或者它们带给我们的干扰会以一种不同的，也许更为明智的方式被我们接纳。觉知让身体里的感知觉保持它们本来的样子，而且不去触发过多的情绪反应，也不引发过多的冲动想法。有时候，我们所说的觉知和洞察力能将感官维度的痛觉体验从情绪和认知维度的痛觉体验中区别或者自然"分离"出来，在这一过程中，感知觉本身的强度有时会减弱，它们可能会在任何时候被体验为更小的负担、更少的衰弱，有时甚至是对一个人生活更少的界定和限制。

觉知本身——拥抱和保持感知觉，不加以评判或反应——似乎可以疗愈我们对身体的看法，让身体在某种程度上、能够有条件地妥协，即使在面对疼痛或疾病的当下，也不再极大地侵蚀我们的生活质量。而体验"强烈不适"的觉知和体验疼痛并抵抗疼痛又是完全不同的领域，一旦我们踏足这个领域，无论是何种程度，也无论是在何时，哪怕最初只是想先暂时一试，我们都会发掘一些帮助，得到短暂的休整。这本身就是一种解放体验，但在那一刻是一种深刻的自由，至少当痛苦不再是纯粹感知觉时，那是一种从拥有痛苦体验的狭路之上解脱出来的方式。无论如何，它都不是一种治疗方式，而是一种学习、开放、接受当下感官体验的方式，也是一种导航，让我们可以穿梭于那些无法通行、无法前行的起起伏伏的人生浪潮中。

我们会对来参加 MBSR 的人说明，不管他们处于什么样的境地，不管他们发现自己处在哪种情况之下，不管他们有着怎样的痛苦和苦难，也不管他们会有多绝望，只要让自己全心全意地去做冥想练习，之后会发现那些问题多多少少是可解决的，而某些时候，这里的"多多少少"其实是巨大的，并且非常具有启发性。

生命以惊人的方式回应我们培养对智慧的关注能力，也许部分是因为神经系统具有极强的可塑性。然而，当人们面对重大的生活挑战，特别是那些带来极大痛苦和悲伤的挑战时，智慧的关注要求我们自己主动面对所有的痛苦和混乱，甚至是绝望的感觉，并愿意继续独自完成一些事情——那是这个星球上没有人可以替我们做的事情，即使有人很想替我们分担，很爱我们，对我们的遭遇感同身受，渴望提供力所能及的帮助，却是实在无可替代的事情。

涉及内在和外在体验的事情都具有惊人的可行性，但更重要的是，有时只有当你站出来做这件事才行。这可能是世界上最艰巨的工作，而我个人认为，培养正念，从受制约的思维中获得自由，实际上才是世界上最艰巨的工作。

但最终，我们还能做什么呢？你的生命危在旦夕，也正因如此，这项工作除了具有挑战性，还会带给你极大的满足感。我们发现，活在当下、不被动、不评判地关注，特别是当我们可能关注的是恐惧、孤独、困惑和伴随这些心理状态的精神痛苦时，这项工作能真正令人产生满足感。我们还发现，这种心理状态和身体状态确实是可处理的，这也意味着，你最终是能够被完全疗愈的。

当我在做身体扫描时，无论我是否在体验身体的疼痛，都会感觉身体正在被扫描——正如我们所见，躯体感觉皮层和其他类似的地图能够产生我们处于"身体"之内的感觉——我实际上在滋养我的大脑，锻炼我的大脑，类似于我们家狗通过嗅这个世界来锻炼它的嗅觉皮层。因此，在我个人生活中，我一直坚持做身体扫描，不时觉察呼吸，把自己交给所有的感觉，无论它们多么激烈或细微。与此同时，我们家狗在田野和马路上边跑边嗅，而我自己的"大路"和"小道"则是本体感受和内感受，那是对身体在空间中的存在和位置及其内部条件的感觉，当然，还是大脑时时刻刻思考的内容。我可以愉悦地把我的觉知放在我的脚上、脚踝上、膝盖上、腿上、骨盆上，以及躺在这里的整个身体上。如同神经生物学家可能会说的那样，它毫无疑问地滋养着我，调节着我的躯体感觉皮层，甚至可能刺激它，或者激活它，也许某个区域的躯体感觉皮层及其相关区域甚至会因为这些定期的访问而变得越来越大。

不管未来的研究能否证明这点，我想说开发身心间的联系、和小矮人交朋友、按摩感觉皮层和运动皮层、滋养神经系统，这些无论如何都是好事。我想说训练心灵安住于身体，让我们的生存体验与身体共同发展，不是以一种一成不变的状态，而是作为一个重要的、动态的、随时间变化的供应流注入身体之内，这也是一件好事。

这样，具身体验（experience of being embodied）会借机发展成一种强健的、可靠的感觉，习惯性忽视导致的迟钝，抑或过于熟悉导致的考虑不周，最终只会把我们从自己的生活和各种可能性中割裂开来，将我们禁锢于远离大自然和自我内在的异质性中，面临体验感觉丧失的风险。

詹姆斯·乔伊斯（James Joyce）在其短篇小说集

《都柏林人》（*Dubliners*）中写道："达菲先生住在离他身体不远的地方。"当我们重新阐释这句话时，也许可以理解为身体是我们大多数人的一个共享地址，把具身（embodiment）的奇迹视为理所当然或完全忽视它是一个可怕的损失，重新与身体连通将会成为我们对自己生命的完全疗愈。

我们需要做的就是练习觉知感觉，觉知所有的感觉。

带着一份冒险精神去练习吧。

第十一章

本体感受：身体的体验感觉

我们知道，创伤可能会使人失去对身体或身体某一部分的感觉。脊髓损伤会导致身体和大脑之间交流的神经严重受损或完全切断，在这种情况下，患者一般会瘫痪，断裂处以下由脊神经控制的身体部位不会有感觉，大脑到身体以及身体到大脑之间的感觉和运动通路都会受到影响。2004 年去世的演员克里斯托弗·里夫（Christopher Reeve）就是从马背上摔下来造成颈部脊神经受创的，我们将在下一章继续展开他那个令人关注的事件。

2015 年去世的神经学家奥利弗·萨克斯（Oliver Sachs）几年前说，他遇到过一位年轻女性，她的脊神经和脑神经，即感觉发生的根源部位，出现了罕见的多神经炎（炎症），导致她丧失了身体体验的感觉。不幸的是，炎症已经弥散到这位女士的整个神经系统，这种疾病很可能是在医院实施胆结石常规手术前预防性使用抗生素引起的，听起来非常可怕。

这位被萨克斯称为克里斯蒂娜的女士，所能感觉到的只有轻微的触摸，她能感觉到坐在敞篷车里微风吹拂她皮肤的感觉，她能感觉到温度和疼痛，但即使是这些感觉，她的感受也很微弱。她完全失去了拥有身体的感觉，失去了处于自己身体之内的感觉，失去了术语上称之为本体感受的感觉，萨克斯称本体感受为"至关重要的第六感，没有它，身体就不会产生真实感和存在感"。克里斯蒂娜失去了肌肉、肌腱或关节的感觉，也无法用语言来描述她的状况。令人痛心的是，就像我们印象中那些失去视力或听力的人一样，她只能通过从其他感官衍生出来的类似感觉来描述她的体验⊖，"我觉得我的身体对自己既盲又聋……它没有自我意识"。

萨克斯描述道："只要有机会，她就会出门，她喜欢敞篷车，因为那样她才能感觉到她的身体和脸上的风（轻微的感觉，轻微的触摸，只是轻微受损）。"克里斯蒂娜说："那种感觉非常棒，我感觉到风吹拂我的胳膊和脸，然后我依稀知道，我拥有胳膊和脸。虽然这些感觉并不真实，但能暂时揭开这可怕的死亡面纱。"

⊖ "The Disembodied Lady," in *The Man Who Mistook His Wife for a Hat*, a compilation of clinical histories from Sachs's neurology practice.

随着本体感受的丧失，她也失去了萨克斯所称的基本的身份所系——生命体验感，有形的身份感。"对克里斯蒂娜来说，正是这种普遍存在的感觉——'缺乏个体的自我情感'——随着时间的推移，变得越来越不适应。"令人惊讶的是，她发现自己的视觉和听觉在某种程度上帮助她获得了对身体位置和发声能力的外部控制，但她所有的动作都必须极其谨慎并有意识地保持专注。同样地，"这是一种具体的、有机的、脱离躯体的感觉，和她第一次感受到这种感觉时一样剧烈、一样怪异"。和那些因脊髓高位断裂而瘫痪、失去了本体感受的人不同，"克里斯蒂娜虽然'没有躯体'，却能行动自如"。

但千万别搞错一个概念，就像阿尔茨海默病患者不知道自己是谁绝不是通往无我的捷径，失去这种本体感受在任何意义上都不是一种解放，它不是开悟，也不是自我意识的消融，更不是对身体过度依恋的放下，而是一种病态的、完全破坏性的过程，它剥夺了萨克斯所说的"所有知识和确定性的起点和基础"，而这一描述引自哲学家路德维希·维特根斯坦（Ludwig Wittgenstein）。我们无法用语言来描述失去这种感觉的感受，因为在身体还能动的情况下丧失对身体的感觉，对我们来说是不可想象的。

那些对我们来说最重要的东西，因为它们的简单和熟

悉而被隐藏起来（人们无法注意到某事，因为它总是在眼前），他研究的真正基础根本不会影响任何人。

上述文字引自维特根斯坦，萨克斯用这句话作为他"第六感"故事的开头文字，我们此前不知道自己有这种"第六感"，但有很多证据可以证明，那就是在空间中对身体的感觉。它类似于我们的物质性，我们的物理"存在"，我们适合自己的、专属于自己的身体感觉，然而我们会忽视它，或看不到它在我们构建世界和自我（认为我们是谁）中的中心地位。

当我们练习身体扫描时，需要觉知的东西包括本体感受（正如萨克斯描述的，克里斯蒂娜所丧失的），在身体宇宙中对所拥有的身体的感觉（将身体视为一个无缝衔接、整体化的宇宙），以及对身体不同部位的感觉，我们可以在思想上一定程度地分离、锚定、"居住"。理所当然和过于熟悉会导致无意识的产生，所以当我们练习身体扫描时，我们其实是在从无意识的"云雾"之中回收身体的活力。我们没有试图去改变任何东西，而是用我们的注意力，用感激和爱的体验去滋养它。我们是这个神秘的、不断变化的身体宇宙的探索者，以如此深刻的方式提示那个身体宇宙就是我们，又以同样深刻的方式提示那不是我们。

　　然而，当人们渴望某种疗愈，且这种疗愈的确成为一种可能时，无论它看起来多么遥远，将身体从理所当然的遗忘或自我崇拜的自恋中拯救出来的意愿是至高无上的。每天为之而努力，我们将重新连通人性的源头，连通人类存在的基本核心。

　　当用觉知去拥抱这些感觉时，会让这些感觉活跃起来。我们都曾有过这种感受，那是人生极为生动的时刻。而之于本体感受，当我们以一种自律和关爱的方式真正去倾听自己的身体时，作为一项训练、一种爱好坚持数天、数周、数月乃至数年，即使我们最初没有听到什么，身体也没诉说可能发生什么，但有一件事是肯定的，身体也在尽其所能地倾听你，并以它神秘、极其活跃且具有启发式的方式做出回应。

第十二章

神经可塑性与可能性的未知极限

> 困难的事情，马上去做。不可能的事情，
> 多花点时间去做。
>
> ——美国陆军工程兵团的座右铭

我倾向于认为，美国陆军工程兵团的座右铭与其说反映出了一种傲慢的、充满了狂妄自大的、军国主义式的大男子主义，不如说反映了一种真正开放的胸怀和敢于尝试的态度的潜在力量，彰显了一种要突破任何困境的意志力；我们的惯性思维可能早早就将这些困难打上了"无法解决"的标记。很多时候，甚至我们自己也亲身经历过，那些原本被我们视为不可能的事情后来被证明是可能实现的，这种情况在某种程度上增加了我们的福祉，并给予我们启迪。

我们不要忘记，漂洋过海曾经被认为是不可能的，翱

翔天际曾经被认为是不可能的，摒弃暴力的种族战争、和平结束南非的种族隔离并建立民主制度曾经也被认为是不可能的。

正如艾米莉·狄金森所言：

我栖居于可能性——
一座比散文更美的房子——
更多的窗户数不胜数——
房门——更高级——

房间皆如雪松——
肉眼望不穿——
一座永恒的屋顶——
苍穹的扇面——

访客——完美无比——
来这里——安居——
伸展我狭小的双手
把乐园汇聚——

即使身受重伤、罹患疾病，以及面对随之而来的严重损害和失控紊乱，我们也永远不知道在身体和心灵中会涌现怎样的可能，当我们用全神贯注和坚强意志去拥抱那些看似无法克服的挑战时，尤其如此。

以扮演"超人"闻名的已故演员及导演克里斯托弗·里夫就是其中一个例证。面对降于己身的厄运，他展现出的坚韧、决心和慷慨精神令人赞叹，与和他绑定的"超人"称谓相得益彰。1995年，里夫因一次骑马事故导致颈部以下瘫痪，医生一再告知他将永远无法移动颈部以下的任何部分。他的情况被描述为"最糟糕的状况"。但是，用加利福尼亚大学旧金山分校迈克尔·梅泽尼奇（Michael Merzenich）博士的话来说，里夫"挑战了每一个对于灾难性伤害后人脑和脊髓的恢复能力的假设"。梅泽尼奇是神经可塑性研究领域的先驱，他发现经过学习和频繁使用，大脑内的躯体感觉皮层和听觉皮层会发生变化。

直到最近，神经科学依然坚信要想从严重的神经性脊髓损伤中恢复过来是不可能的，因为被破坏或切断的神经细胞无法重新生长或重新建立连接，从而无法为身体和大脑之间的神经冲动建立传导通路。这些通路必须完好无损，才能让大脑的运动皮层和其他动作中枢控制身体的肌肉，并使身体对运动中的情况给出本体感受反馈，向躯体感觉皮层和其他负责理解物质世界的大脑中枢传送触觉信息。但现在，克里斯托弗·里夫和其他遭受脊髓损伤或中风损害的患者在创新疗法下的变化证明了这种固有观点的错误，并引发了一场悄然无声的康复医学领域的革命，他们的经历还扩展了神经可塑性对人体及其感觉和运动功能的相关性和临床意义。

以里夫为例，他颈部脊髓中至少有四分之三的神经纤维由于受伤而被切断，而剩下的神经则丧失功能。他颈部以下已经完全瘫痪，没有感觉，无法移动，甚至无法在没有呼吸机辅助的情况下进行呼吸，因为创伤也影响了控制膈肌的神经。事故发生后的头五年，他利用被动电刺激来维持肌肉质量，增加血液循环；他曾躺在桌上，这使他能够垂直倾斜，以增加骨骼密度并进一步促进血液循环；他还试图用安全带把自己悬吊在移动的跑步机上。所有这些唤醒他身体的努力没有产生任何临床效果，也没有看到身体有任何改善，但是他拒绝放弃。

五年来，里夫的身体状况没有任何变化，并出现了许多危及生命的并发症。在医生和护理人员的帮助下，他开始进行一项只能用"超人运动计划"来形容的复健方案，这就是"基于活动的康复训练方法"（activity-based recovery，ABR）。根据该方案，计算机辅助电刺激会催动他腿部的主要肌肉群，使得他的身体可以在一辆静止的卧式健身车上被动移动。他每周锻炼三天，每天一小时，每次达到固定的目标（每小时三千转）。此外，他每天都按轮换时间表对手臂和躯干的主要肌群进行电刺激。从某个时候开始，他每周进行一次水中运动治疗，这让他能够在水池中活动和被理疗师牵动，只须克服水的阻力，而不必在重力下费劲。他还开始进行呼吸训练，持之以恒地坚持这项高强度的被动辅助锻炼计划。据他所言，这可以保持他的肌肉强健和情绪振奋。

他的身体在近六年里没有知觉，也无法进行自主活动，但在开始进行密集的康复训练约一年后的某个清晨，他发现他可以自主控制左手食指的痉挛性抽搐运动。

这个小小的复苏象征着由"不可能"化为"可能"的第一步，在接下来的三年里，里夫的感官和运动控制能力慢慢重生。回想那一天，他说："我的第一个反应是克制住自己的激动，但在内心深处，我具有这样的希望和信念，那就是如果我突然可以让手指动起来，我必须试探我身体的其他部位还能够做到什么……从那一刻起，我决定要进一步加大训练的强度。"

请注意，在说这句话的时候，里夫颈部以下的本体感受比上一章提到的克里斯蒂娜还要缺乏。因此，当他说到"我的身体"时，这个说法更多的是一种想法和回忆，而不是和这个身体（他真能感知到，并能自我控制的身体）当下所具有的关系（因为，此时他完全没法感知到颈部以下的身体部位的存在），直到他的手指可以动了。

在这样的活动训练中，一种崭新的联系建立起来了，这根手指再次变成了"他的"手指，而不是一个能被看见却没有感觉、不会响应他的意志的静止附属物，可以说，那天当他能根据自己的意志自由地控制他的手指运动时，他的手指恢复了生命。在随后的几年中，他越来越多的身体部位焕发新生。遗憾的是，正当事态不断朝积极的方向发展时，他于 2004 年因心脏骤停去世，享年52 岁。

想象一下在看不到明显"进步"的情况下日复一日、月复一月地锻炼一具没有感觉的身体所需要的信念、决心、毅力和不懈的专注，这就像是逆流游泳，要对抗普遍存在的不可能有任何好转可能性的临床诊断。

然而，正如临床报告所证明的那样，里夫那段时期的进步非同寻常，在基于活动的康复训练计划开始的几年中，他的脊髓损伤程度好转了两个等级，这种恢复程度在同等伤势的人身上前所未见。即使在身体功能未得到改善的情况下，早期反应也给他的身体带来了巨大的好处，包括肌肉质量和骨骼密度增加，心血管耐力增强以及肌肉痉挛减少。在那段时期，这些身体上的变化极大地改善了里夫先生的健康水平和生活质量，需要抗生素的感染发生率也急剧下降。他患有的重度骨质疏松症曾导致体内两个最大的骨骼（股骨和肱骨）的病理性骨折，也已经完全逆转并恢复到他出事之前的水平。

从里夫可以活动手指的那一天开始，他出现了医生所说的功能性改善，也就是恢复感觉和运动控制。他的身体持续好转，到开展康复训练计划的第 22 个月，轻触觉已恢复至正常水平的 52%，而在接下来的 6 个月内，轻触觉持续恢复至正常水平的 66%，除了恢复轻触觉和针刺（疼痛）感，他还恢复了感知振动和区分冷热的能力。令人惊奇的是，他还恢复了本体感受，这让他知道他何时需要改变姿势以避免因切断供血导致的皮肤刺激和皲裂。他的医生于 2002 年发表了包含临床报告的医学论文[⊖]，此时里夫的大脑可以感知到自己约 70% 的身体，这意味着感觉信息再次从皮肤、肌肉、骨骼和关节的外围神经流向大脑皮层，并且运动信息可以从大脑运动皮层流向他的手臂和腿等部位。

运动能力评分也提高了 20 点（从 0 增长到 20，分数范围为 0 ~ 100），这意味着里夫的大部分关节可以活动，包括肘部、腕部、手指、臀部和膝盖。腿部的大多数肌肉还无法抵抗重力抬起，但是在游泳池中站立甚至行走都是可能的。而且，他可以自己抵抗适当的阻力锻炼手臂、腿部和躯干的肌肉，即使他仍然依赖呼吸机，但有一次也能

⊖ McDonald, J. W., Becker, D., et al., "Late Recovery Following Spinal Cord Injury." *Journal of Neurosurgery*: *Spine* 97 (2002): 252-265.

自主呼吸一个多小时。

里夫认为："是长时间的锻炼重新唤醒了休眠的传导通路。"他的医生同意这一观点，并试图建立理论来解释他对强化运动训练的反应，这与婴儿和儿童因运动而发展出复杂的神经回路相同，神经系统的这种自然可塑性在成年期会消减，但显然不会完全消失。根据治疗他的神经科学家、密苏里州圣路易斯华盛顿大学医学院博士约翰·W.麦克唐纳（John W. McDonald）的说法，许多脊髓损伤并不会损坏所有的上行神经（从身体通往大脑）和下行神经（从大脑通往身体），其中一些神经束还活着，只是麻痹了。如果缺乏运动，这些纤维就会萎缩，最终人只能与轮椅为伴，但是，当肌肉被电流和运动刺激后，神经束有时会部分恢复。

要提高成人大脑和身体的可塑性，一种方法是将必须学习的内容分解为一个个小的步骤。根据梅泽尼奇博士的说法，这个活动必须对个人具有重要意义，如果活动是无聊且盲目的，大脑的可塑性机制将无法发挥作用。根据《纽约时报》在 2002 年 9 月 22 日的一则报道，当一个人集中注意力时，大脑分子就会打开提升可塑性的奖赏回路。

在里夫先生去世前，他的康复程度已经对生活产生了惊人的影响。在他的医生的报告中，事故发生八年后，也就是开始基于活动的康复训练计划三年后，里夫已经离开医院逾三年半的时间。"在此之前，我有血块、肺炎、肺萎陷、非常严重的褥疮性溃疡（褥疮）和可能导致腿部截肢的脚踝感染，我对自己的人生充满踌躇，因为我不知道接下来会出什么问题。在过去的几年中，我对自己的健康有了充足的信心，我已经可以不用抗生素了，体重得到控制，还可以毫无问题地在椅子上待上 15～16 个小时，考虑到我是呼吸机依赖型 C2（脊髓损伤程度）的事实，我或许已经处于最佳状态了，相信能够以一种非常令人满意的方式工作和旅行，下一个阶段的目标就是摆脱呼吸机。"

他确实做到了。在一段时间内，经过实验性手术，他安装了一个膈肌刺激器，实际上是一个肺部起搏器，这使他能够自主呼吸一段时间并增强膈肌力量，这是他八年来第一次能够通过自己的鼻子和嘴巴呼吸，并且在没有呼吸机的情况下也能正常说话。他还恢复了自己的嗅觉，这个功能在事故后就完全丧失了，他的医疗团队用咖啡、薄荷和橙子对他进行测试，他可以轻松识别出这些气味。

"我想恢复更多有用的功能，可以移动手臂、手指和腿，但我仍然坐在轮椅上，还希望这些机能可以进一步恢复，这样我就可以坐在另一种轮椅上，并且可以拥有更多的自由，不再像现在这样依赖别人。"

里夫接着说道："现在，我的人生目标变得更容易实现，因为我可以告诉电影制片人我能前往执导电影的地点，这是我的职责所在。发表演讲，这也是我事业的一部分，人们可以信任我能完成工作。过去，感染或其他疾病会阻止我履行自己的义务，知道自己的健康状况允许我做出承诺并信守，这真是一件令我欣慰的事情。

"（我的康复）对我日常生活的影响是增强了移动能力和呼吸能力。在1995年、1996年、1997年发生的呼吸机故障，那真是一段令人恐惧的经历，因为我那时完全无法自主呼吸，现在，我可以顺畅呼吸了。呼吸时，我会使用正确的技术，使膈肌能够移动，这是通过锻炼和训练实现的。我的康复中最令人安心的方面就是安全系数的提高。

"颈部以下的感知力从0提高到正常水平的65%左右。因为感知力非常重要，它直接影响到人与人之间的联系，如果有人触摸你的手并且你能感觉到，那将截然不同，这让你与他人建立了更深刻的联系。

"我希望通过增加肌肉质量来为长期的恢复目标做准备，但更重要的是，肌肉质量对于你需要做的任何动作和保持心血管系统正常运转都很关键，并且还与保持足够的骨骼密度有关。假如你的腿部肌肉非常虚弱，那么站立在倾斜台上会对腿部骨骼造成危险，因为它们没有足够的支撑。我亲身经历过。我那时不知道自己患有严重的骨质疏松症，通过锻炼和密集的钙疗，最后完全逆转了骨质疏松的情况。我现在的骨头相当于 30 岁的时候（里夫在接受采访时已经快 50 岁了）。重要的是，医学系统知道了骨质疏松症可以在脊髓损伤的情况下逆转，而且，就我的自我意象而言，低头能够看到腿而不是两根面条也很重要。实际上，我的腿和二头肌的尺寸几乎与受伤前相同，这是受伤后第 7 年的情况，这使我自我感觉更良好。

"我能够与家人出行……看孩子和朋友玩耍，我可以在不参与的情况下尽可能地靠近，不过我也学会了如何通过观看家人和朋友开展休闲活动来获得满足感。因此，即使无法像以前那样亲身上阵，我也乐在其中。

"我认为到目前为止取得的进展象征着即将到来的进步……我想恢复到尽可能接近正常的水平。我抱有这个梦想，不想放手，这也许是一个心理迹象，表明自受伤以来的这七年，我从未想过自己的未来会一直残疾，我要我的生活回来。"

到 2004 年 4 月，里夫经历了许多令人沮丧的挫折。在一系列感染和肺炎后，他的身体排斥膈肌起搏器，因此他不得不重新用上呼吸机，再也无法在游泳池里锻炼，也无法继续他的康复训练计划，更无法在跑步机上运动，因为第一次尝试的时候他的骨质疏松症导致股骨折断，他的腿部不得不植入一块金属板和 15 个螺钉，但是他从未放弃希望，知道自己作为一个先驱者，他的经验能够帮助脊髓损伤后需要类似步骤的人，因此他从中获得了些许精神支柱。他指出，他是世界上第二位接受膈肌起搏器的人，尽管这种方法对他不起作用，但从他的案例中获悉的结果使接下来的 7 名患者都可以摆脱呼吸机，他的经验还让脊髓损伤患者在上跑步机锻炼之前，会定期筛查骨质疏松症，他为能够影响类似处境的人们的生活质量提高而感到欣喜和安慰。

很明显，当时里夫并不是只为自己推行康复训练计划，他还成了脊髓损伤患者的重要代言人和激励榜样，传达着这样的信息："人生不会因身体受伤而结束，他们仍然可以过上充实有趣的生活。"在他生命的最后几年，里夫成立了一个用于进一步研究的基金会，并定期游说美国国会支持在治疗脊髓损伤和瘫痪方面做更多研究。尽管身体存在明显的缺陷，他仍坚持旅行各地，与受到脊髓损伤影响的人及其家庭会面，并发表公开演讲。

和我们所有人一样，克里斯托弗·里夫不知道对他来说可能的极限是什么。他坚定不渝地前进到底，每时每刻、每日每夜在身体和心灵的可能极限范围内努力工作，心中牢记他的长远目标，同时着眼于当下和这一刻的挑战。考虑到他一生所失去的东西，以及他所经历的障碍和挫折，他本可以轻易陷入绝望、自怜和孤立，但即使不确定能否得到积极的结果，甚至连可能性本身都被否定，他依然直面挑战、保持希望并维护好自己的亲密关系和工作，这样的奇迹之所以能发生，得益于里夫在明知积极的结果不确定、甚至根本不可能发生时，仍能坚持使用身心疗愈力，配以合适的医疗护理和支持、对躯体能够恢复运动的想象，以及相信身体正在逐渐恢复自我调节和修复能力的自我暗示。

里夫的经历并不是孤例，遭受脊髓损伤、中风或其他神经损伤的人正在世界各地的治疗中心取得意想不到的进步。他们使用新颖的康复方法，例如固定住正常运动的手臂，患者被迫将受损的手臂用于日常活动，或悬吊起患者，让他们的双脚在跑步机上走动，康复医学甚至利用机器人来帮助瘫痪患者练习走路。通过这类技术，成千上万下半身缺乏知觉能力和运动功能的瘫痪患者现在能够在无须辅助或在助行器的帮助下短距离行走，这是"学会新生"道路上的一个重要里程碑，是"康复"一词的深层含义。

对于我们这些身体相对比较健全的人来说，这能否给我们一些实用的启示呢？我想可以。那些管理身体并使其保持健康的有氧运动和肌肉骨骼运动可以像增强肌肉力量一样，也对神经系统进行调节，毫无疑问，这在任何年龄段都有用，随着我们年龄的增长，记住这一点尤其重要。但是，除了运动之外，推动我们在身体和情感能力极限工作的注意力、决心和对生活的热爱，可能才是给我们的困境开辟逃生通道的秘诀，无论遇到怎样的艰难险阻，它们都让我们过好自己的生活，永不放弃，坚持疗程和对自己重要的事情，看到前方的可能性。最终，经过精心的培养，以及里夫那样纯粹的决心和毅力，这种愿力在任何时刻都是推动可能性的强大意志，相伴的耐心、决心、谦逊和高度的集中力，共同构成了正念练习的核心。它说明为了自身而坚持前进所需的动力，会继续以某种或数种不同的方式同时成长。

里夫的信念扎根于他的身体、家人、朋友和职业追求之间的相互关系和互惠关系，即使他无法感觉到他人的身体接触，他的身体也无法回应自己，但他依然在事故发生后承担责任并接受自己的病情，多年来在极大的毅力、决心和帮助下，尽其所能地去处理现状。在这个过程中，他是坚持不懈和相信可能性的典范，同时也并未否认与他瘫痪有关的日复一日的情绪困扰和彻底的混乱，这从根本上改变了他所有家庭成员的生活及关系。⊖我曾听到里夫在

⊖　里夫也没有否认这种困境导致的日复一日的情感挫败和内心撕裂。里夫的妻子德纳曾说："我不想仅仅被看作满怀爱意的、圣母一般的妻子，愿意为她的男人做任何事情，那是我的一部分，但不是全部。我爱他并忠于他，我有一种责任感，从我说'我愿意'的那一天就存在。现在是护士在负责他的身体护理，我之所以不亲自照顾，是因为我们彼此需要丈夫和妻子这样的关系，而不是病人和护工。"（2003 年 5 月 3 日，英国《每日邮报》采访——来自网络）

2004 年 4 月，也就是他去世前 6 个月的公开演讲中说道，"当一切进展不顺利时，无论如何仍然要坚持训练，因为我们的头脑中具有影响身体的巨大能力"。

*

在结束本章之前，我认为值得一提的是 2018 年又有一位勇敢无畏的人去世了，他活得比任何人的预期都要长久，并且在面对难以想象的身体衰弱和令人沮丧的疾病时，他表现出了令人难以置信的坚韧和尽可能充实生活的决心。我说的就是英国理论物理学家和宇宙学家史蒂芬·霍金（Stephen Hawking），他从 20 多岁开始就罹患肌萎缩性脊髓侧索硬化症（卢伽雷氏症），但活到了 76 岁（他曾在 21 岁的时候被告知只有几年寿命）。他坐在轮椅上工作，随着疾病恶化，他最终只能控制自己的小指和眼球运动，并利用眼球运动加上计算机语音合成器来说话。然而，他的思想不受疾病的影响，为物理学和宇宙学的一些最深奥领域的重大突破和洞察做出了贡献，最著名的发现是黑洞会散发辐射（现称为霍金辐射），最终将爆炸并将它们的物质和能量返回到周围的宇宙。以他的身体来生活，对任何人来说都是难以想象的挑战——请想象除了一根手指和眼睛，你无法移动身体的任何部分——但他过着充实的生活，结婚、生子、写书，并经常参与许多有趣甚至冒险的活动。[一]正如《纽约时报》在他的讣告中所描述的那样，他成了"知名流行文化偶像"，并且经常有人将其与爱因斯坦相提并论。霍金在被问及为什么要追求如此冒险和具有挑战性的事情时说道："我想向人们证明只要精神不垮，人们就不必受到身体障碍的限制。"他还表示："当你面临早逝的可能时，你会意识到生活的价值，还有很多事情你想去做。"他的骨灰被埋葬在威斯敏斯特大教堂，埋葬于曾在剑桥大学任教的艾萨克·牛顿和查尔斯·达尔文的遗骨之间。

*

在 21 世纪早期的一段短暂时光里，我结识了一位年轻的大学教授菲利普·西蒙兹（Philip Simmonds），他患有与霍金相同的疾病。在他的家人、朋友和邻居的集体支持下，他设法找到了一种被他激昂又痛切地称为"学会跌倒"的方式。[二]也就是说，他同样找到了一种居于可能性

⊖　如在 65 岁的时候，搭乘一架波音 747 飞机体验零重力飞行，并希望真的搭乘火箭飞船前往太空，后者他并未来得及实现。就连身体健全的人都难以承受这样的冒险。

⊜　Simmonds, P. *Learning to Fall: The Blessings of an Imperfect Life*, Bantam, New York, 2003.

之中的方法，直到他于 44 岁逝世。

*

当艾米莉·狄金森对所有神秘、超然和神圣的事物进行全心全意的肯定，感叹"我栖居于可能性"时，我们看到她在下一句将其与"一座比散文更美的房子"相匹配。我认为"散文"指的是理性、线性思维和我们自我限制的思想和观点的居所，这些思想如此令人信服地告诉我们有些事情做不到，从而使不可能永远是不可能，但实际上并非如此。

当我们偶尔遭遇无法想象却已经降临的事物时，我们自己的想法以及我们有时身陷的违背意愿或令人恐惧的情况又会如何呢？

我们会说出一样的话吗？我们是否也能够找到方法去声称居于可能性之中？我们是否也可以忍受未知的不确定性，并在面对来自我们内心和他人的打击与否定时依然愿意冒求生的风险？

现在如何，就在此时此刻？如果一切都保持原样——放弃片刻是否会有任何区别？

感觉如何？

第二部分

站在自家门口

会有那么一天，
你满心欢喜地
迎接自己，
就站在自家门口……
　　　　　——德里克·沃尔科特，《爱无止境》

第十三章

我听不见自己的想法

你听过你自己脱口而出的话吗？当房间里有很多噪声，我们试图集中注意力的时候，通常会沮丧地说出这一连串的话。它的意思是："我无法思考，无法集中注意力。你们都安静下来好吗？！"

但当我们坐下来冥想，入静到某种程度时，你会惊讶地发现……有时候，你所能听到的就是你自己在想什么。你的这些想法比任何外部的噪声都更大、更令人不安和分心！我们思考的咆哮声可能震耳欲聋，而且似乎没完没了。它能阻止任何一种稳定的注意力集中。它也完全掩盖了内在的平和与宁静。而一旦心灵学会或训练自己安定下来或更平静，入定就会在内心的骚动之下找到这种平和与宁静。

如果我们开始倾听思维之流的声音并对其不加评判，开始像参加其他事件活动一样参加我们的思想活动，像通过正式的冥想练习来培养我们的正念时所做的那样，正如《觉醒：在日常生活中练习正念》中所描述的，如果通过正念的培养使我们的神情与外在行为表现能变得淡定和宁静祥和，此时反观我们的思维时便觉得更加清晰。我们能够倾听它，关注（融入）它，把每一个想法仅仅看作是一个想法，而不是事实，这样我们就能确切地看到我们脑子里在想什么，其中有多少只是思想上的"噪声"（mental noise）。一旦我们熟知这个道理并将其内化，使之成为自己惯常的思想与行为习惯，我们就可以开始发展与之相关的新方式。我们可能会对我们的发现感到震惊，我们的思维是多么混乱，但同时又是多么狭隘和重复，在很大程度上受到我们的历史和习惯的影响。

然而，通过亲身体验了解这一点可能比不了解要好。当不留意时，不知不觉中我们的思想控制了我们的生活。有了觉知，我们不仅有机会更好地了解自己，看到自己的想法，而且有机会以不同的方式看待我们的思想，这样它们就不再主宰我们的生活。通过这种方式，我们可以体验到一些非常真实的自由时刻，它们并不完全依赖于内在或外在的平静条件，也不依赖于我们给自己讲述的那点儿故事。这样的情况可能就目前而言是真实的，但是当我们接近自己的心灵并与之成为朋友时，如果我们要探索或触及更大的可用维度，那么情况可能就不是这样的了。

第十四章

我忙得连喘口气的时间都没有了

你感到焦虑吗？你是不是心心念念着奔向
未来，以至于让现在沦为了一种抵达未来的手
段？焦虑来自"身在曹营心在汉"，即身在当
下，心却在未来。正是这种分裂让你内心不得
安宁，创造出这种内心分歧并与其共处是疯狂
的，就算所有人都在忍受，也并不代表这有任
何正常之处。

——埃克哈特·托利，《当下的力量》

托利对心理压力的说明非常准确。当下是我们能生活
于其中的唯一时刻，但很不幸，这种不如实接受当下的症
状却十分盛行。但是请注意，接受绝不应该被臆想成被动
的放弃，恰恰相反，接受现实——尤其现实并不如你所愿
的时候——需要极大的毅力和动力，要尽可能明智而有效

地利用所处的环境和内外部可支配的资源，去缓解事态、修复损伤、重定方向，力所能及地做出改变。

这种对体验的处理方式也被称为"全然接受"。为什么这么说？因为它直接指向事物的根源。它揭开表象，避免因我们对事物"应该"怎样或问题"应该"怎么解决所固持的看法而导致偏爱或厌恶，接受并回应事物的真实状态。我们总是告诉自己事情理应如何发展，或是因为某人或某事并非如我们所想而将问题归咎于对方，认清并放下这种自我讲述的故事是极其困难的。但通过采取这种立场，我们才有可能感知到事物更深层次的真实，发现我们应该如何把握自己的处境和状况，并以更明智、更富有同情心的方式行事。采用一种更明智、更准确的方式来观察、了解和接受事物，就已经改变了事物的动态。这种"意识的旋转"通常会带来有趣的变化。这些变化之所以发生，则是因为你看到了此前被自我讲述的故事所遮蔽的深层次真实。这些故事通常并非完全真实，即使是真的，也太过强大，蒙蔽了你的感官，让你无法接收到其他事情。

一般而言，虽然原则上我们清楚这个道理，但总是屈服于不间断的、时而疯狂的、未经审视的繁思之中，认为我们必须先抵达某处才能歇息，需要获得了某些成就才有资格快乐……尽管我们很大程度上把自己的忙碌和不满归罪于外界环境，例如各种计划和截止期、老板的需求、永无止境的繁杂工作，甚至怪罪于交通拥堵——这些狠狠打击了我们想要随时抵达某处的愿望。

当你为做成某事全力以赴的时候，你是否曾说过"我忙得连喘口气的时间都没有了"，这样你就可以转去做些别的事情，前往机场或者终于可以上床休息了。

这句话说出来太容易了："我忙得连喘口气的时间都没有了。"

再仔细想想。这是真的吗？

我们有没有思考？或许我们知道要去思考，只是我们需要稍停一会儿来适应扎根于自己身体的感觉，并感受一呼一吸，察觉身体的紧张和精神的压力？如果能够认清自己的所作所为和任何时刻的感受，我们也许就能够影响自己和当下所发生事情之间的关系了。我们可以选择维持原来的速度，或是发现放慢一些更为有利，更多地感知此刻，也许最终会更有成效。我们甚至可能发现自己为了满足做好一切的欲望所用的方式是多么愚蠢，它让我们总是行色匆匆，不知所措，反过来让我们所做的任何事情就算没有遭受严重损害，也或多或少不如人意。

但是，我们可能不觉得我们可以在那个时刻停下来，即使我们考虑过这种可能性。也许觉得停下来要冒太多风险，所以我们总是更加用心地行事，从而缓解此刻难以摆脱的疯狂以及"严重"的情势，在那一刻减轻一些压力。如果——正如我们经常告诉自己的那样——停下来真有这么高的风险，那么让自己变得盲目和莽撞也极可能让努力毁于一旦。

通过探寻自我，我们可以感受和定位到陷入沉醉状态所带来的疯狂。正念和慈爱可以帮助我们做出更具长远性的选择，尽可能改变我们行事的方式，减轻压力。我们最优先考虑的是无论发生什么都活在当下，是因为我们记得这就是我们所拥有的一切，明白觉知是我们必须把握的最宝贵的资源，那么我们就有机会在这样一个疯狂的世界重归理性。用托利的话来说，一个有这种疯狂的世界会将荒唐视作正常，将理智当作愚蠢，并且无聊透顶。

这种理性的复位可以在转瞬间实现，实际上，它也只能在瞬间发生，我们所需要的只是认清机会，并记住世界并非如我们所想。因此，我们不需要通过背叛当下的自我来强行获取未来的收益，而是尽可能用心地研究当下的状况，无论情况如何。

这样，我们也许就能学会如何喘口气，把握住我们所拥有的时刻，以及蕴藏于其中的无限可能。你觉得我们能否变得足够疯狂，以达到这样的理性呢？

第十五章
忙碌的不忠

让自己投身过多事物，想要帮助所有人做所有事，就是屈服于现代的暴力。

——托马斯·默顿

"我不让自己闲下来。"很多退休人士会说这种话，多半是为了让自己和他人安心，知道他们没有因为不需上班、不领薪水，就无所事事、淡出江湖。

一天，我听到这句话从自己的脑海深处冒出来，来不及阻止，它就传到了话筒里。

"等一等，"我想大喊，"我在说什么，说这话的是谁？"我才没有让自己一直忙碌。真想要说的话其实是：我始终致力于让自己从繁忙的生活中解脱出来，并且还把这当作了一份全职工作。我远离了病态的忙碌生活，却发现要反对那些来自外部或内部的忙碌理由是多不容易，它们看上去如此诱人、如此必要、如此关键、如此合理、如此可控——单独来看的话。然而，它们总会消耗比预想更多的能量，让连续数月流连于一处美景，或是在内心冲突中保持可持续的平衡，都变得极为困难，甚至不可能。

对目前超出我们能够以完整和从容的状态掌控的事情说"好"，实际上就是对那些我们已经点头的人、事、物说"不"。

为什么会这样？这恰恰是因为如果我们超负荷到不堪重负的地步，我们很可能会变得非常激动、烦躁、心事重重，以致我们无法以一个自在的状态去应对任何人或任何事。最重要的是，这也包括我们无法真实地面对自我和我们最关心的事物。也许我们应该好好审视一下这些把我们推向如此不幸境地的冲动和诱惑。

即使我们告诉自己当下正在进行正念练习，并尽力每时每刻去体现这一点，但轻视或摒弃在我们的生活事务上构建更好的平衡的可能，依然会导致巨大的限制和代价。当我们被各种事务牵绊，让平衡生活变得几乎不可能的时候，我们就背叛了自己最珍视的东西——这本应是最优先考虑的——然后做出一种行为。因此，诗人兼企业顾问大卫·怀特（David Whyte）非常形象和准确地将它称为一种通奸、一种不忠。我们也许正在背叛内心深处最美好的部分，也背叛了和其他人的关系，甚至是我们最深爱的人、我们和自身所在场所的联系，以及在任何时刻都最重要和必需的、与我们充分相连的东西。不知不觉间，我们便失去了和时间的各种可能性及不可能性的联系。

在关键时刻牢记我们需要优先考虑的事项，只有保持这种基本的态度，我们才会在想要拒绝的时候更容易说出"不"，就算我们的第一反应是接受，甚至出于习惯会答应说"好"。

怀特用优美的语言向我们说明了这个难题。

无论新时代的大师们怎么说，我们的现实都不由自己创造。我们只占据了其中一隅，这取决于我们对时间的流动和旋涡的感知程度。现实是我们自己与永无止境的时间的对话。我们越接近时间产生的源头——永恒——越容易明白在某一时刻必须经过特定的涡流。时间之河会突然转向，从轻松欢悦的水流变为汹涌的波涛。例如，当我们正忙于某事的时候，领导问我们能否接下一个项目，而我们很清楚按照手上已有的工作量是无法头脑清楚地完成的，但丧失了空间感的我们会答应下来，试图通过做事来建立自己的身份认同，害怕在这种权威人物面前沉默。被时间束缚的我们也感到被其他人束缚，但如果能对空间感和沉默敞开怀抱，我们实际上会着迷于令人愉快又坚定地拒绝所带来的沉默。表面上看，我们的拒绝是勇气的表现，但本质而言，它只是一种与时间达成健康关系的体现。在我们与时间的婚姻中，说"好"就等同于乱交、不忠和背叛；感到压力则意味着在与时间的"婚姻"中，我们犯了"通奸罪"。如果我们想了解现实的种种细节，就必须了解我们平时是如何处理与时间的关系的。每一个小时中潜藏着日常工作的秘密，而每个工作日都显露出我们和时间的婚姻模式，我们如何度过一天对于我们获得渴望的幸福至关重要（《穿越未知海洋》）。

正念生活的挑战之一是维系与生活的自然节奏的联系，即使有时我们感觉离它很远，或者我们和它完全失去联系，必须用满腔柔情和敬意去重新聆听那些内在的节奏和呼唤。

我们对某些时刻可能发生或不会发生的事情的想象，有时会因为欲望或恐惧而变得疯狂——实际上，这种情况必然发生。但是，这种沉醉和随之而来的痛苦可以通过我们内心逐渐增长的智慧来抵消和把握，这种智慧源于忠实的正念实践，体现了我们如何看待拥有的时刻和机会，无论大小。这取决于记住最重要的事情，以及当成本超过收益的事实摆在我们面前时，我们能认识到自己对忙碌做事和不忠的迷恋，认清所谓的平衡一切只是错觉。这取决于记住我们的真实自我，并牢记我们参与的所有工作，或者所幻想的错过的一切——所有这些都被我们不够正念的感知和投射所扭曲，仅仅是心灵的虚构之物——无论占据我们心神的是什么，与此时此刻相比，都相形见绌。

*

一天，你终于知道

你要做什么，并开始去做，

尽管你周围的声音

不停地叫喊着

它们糟糕的建议——

尽管整座房屋都

开始震动

而你感觉到古老的锁链

拉绊着你的脚踝。

"修补我的生活！"

每个声音都在呼喊。

但你不曾停下。

你知道你要做什么，

尽管风

用它僵硬的手指

撬动着根基，

尽管它们的忧郁

着实可怕。

天色已晚：

一个狂野的夜晚，

路上堆满了

枯落的树枝和石头。

但渐渐地，

当你把它们的声音抛在身后，

群星开始在

云层中燃烧，

一个新的声音出现了，

你慢慢地

意识到这是你自己的声音，

它伴随你

越来越深地步入

这个世界，

决意去做

你能够做的唯一一件事情——

决意拯救

你能够拯救的唯一一个生命。

——玛丽·奥利弗，《旅程》

第十六章

自我打扰

无论是为了更好地准备对老板说"不",还是要在期望与利益冲突不断的复杂社会环境中保持对自我的忠实,或者向内化在你脑海里的那个让你的生活偏离想象的"老板"说出你的心声,我们大多数人可能会受益于发展行为改变的专家所说的"沟通技巧",学习礼貌并友善、坚定且果断地传达我们对特定情况的看法,更重要的是我们对这种情况的感觉。当然,在我们传达自己的实际感觉或观点之前,必须意识到自己的心理地形,而我们却常常对此毫无察觉,或者只是部分地意识到它的存在。尤其是当我们感到矛盾和受挫时,我们可以想到的所有选择似乎都是有问题的,甚至可能要付出过多代价。我们陷入了那些矛盾的感觉之中,因此,无论我们是否知道自己的处境,以及我们是否喜欢,都无法挣脱。

有时,如果我们承认并倾听来自他人的感受,而不是陷入对谈话的臆测并做出反应，那么在与他人的沟通存在潜在困难的时候，我们就可以让对话变得清晰，并使彼此满意。我们大脑对对话的臆测几乎没有意义，并且很有可能因此认为我们自己是完全正确的，而他人则完全是错误的或冥顽不灵的。

　　我们必须更加注意对话和交流是如何进行的，多留心对话时我们使用了什么技巧，更清楚地了解自己以及与他人之间的内在和外在所发生的一切，这种洞察力是极具启发性和令人羞愧的。举一个常见的例子，它可以使我们察觉我们在说话时被别人打断的频率，还可以帮助我们确定当下处理问题的有效方式。如果反其道而行之，这可令人不好受，尤其当这变为一种模式的时候，可能会感觉我们要说的话对其他人或群体并不重要。我们可能会感到在工作或在家庭里被某些人无视、蔑视、低估、侵占和恐吓，并且永远无法有效地自我表达，无法以清晰、坚定和真实的态度说明我们对事物的看法和感觉。因此，个人、家庭或工作团体就可能会失去我们的贡献、创造力、独特视角和潜在的价值及优势。与此同时，我们自己则感觉糟糕透顶、无能为力、无足轻重，甚至经常对自己充满愤怒。

　　讽刺的是，打断他人的人通常完全没有觉知到他们没有让你把话说完，甚至根本没有在听你说话。如果你暗示他们在对话中占主导地位，并且不是好的倾听者，他们可能会感到惊讶，甚至感到被冒犯。

即使你已经指出来了，他们可能也会很快忘记，无论他们是否对你此前的主张感到惊讶，那是因为打断他人的习惯是无意识的，是根深蒂固存在于我们脑海中的条件反射。在某种程度上，也许我们都被社会化了，会在交谈时互相打断，比如在一个人人争强好辩的房间中，有时不管是讨论什么话题，这些争论看上去不过是展现力量和权力的仪式。在这方面，细微的和明显的种族、性别、年龄和权力差异以及内隐偏见也可能会发挥作用，导致不尊重，甚至经常变得更糟。因此，我们应该扪心自问："在家庭里，在工作会议上，或是整个社会中，有哪些人的声音没被听清，甚至根本听不到？"在问完这个问题并内省之后，牢记我们得到的答案，也许比我们平时看待他人，尤其是那些看起来与众不同的人，会多一些同情和善良，至少尝试看到他们的整体和本性，或者在当下意识到我们可能没有这么做——从而在无意识中成为当今所谓的微侵略的源头。

对于那些没有意识到自己在交谈时频频打断他人的人而言（大多数人都可能曾是这种人），需要不少勇气、沉着和坦率才能接受并理解他人对于这种自发的对话方式的提醒，特别是因为无论我们是否意识到，这种打断基本上都是以自我为中心的、自我关注的，有时也是一种未被承认的特权的展现，表明我待会儿要说的话比其他人要表达的任何观点或感受都更为重要，至少在这一刻是如此，因此不能等待，无论对方是谁，以及我有多在乎对方。这片刻的思考揭示出，这种行为实际上可能是一种既微妙又明显的暴力形式，因为它既伤害了被你打断的个体，造成不尊重，也可能损害了你所参与的集体进程的完整性。这是性格的一个标志，一旦这种模式被你察觉，你就能够从中挣脱。要认真监督自己的行为是否符合佛教徒所说的"正语"（right speech），需要高度专注于当下。

但是，如果我们讨厌被他人打断，并且我们发现自己也可能常常对他人做这样的事，那么也许我们能够更好地意识到我们通常更难以察觉的另一个层面的打扰——那就是自我打扰！

我们可以在冥想练习时，特别是在正式练习中，轻松地捕捉到这种现象。一旦我们在练习时有所察觉，我们就更有可能在日常生活中发现它的存在。

当我们开始在正式的冥想练习中观察思想的发展和身体的感知时，我们会迅速发现新事件的出现，并将我们的注意力从刚才的思考或感觉中转移开来。我们在当下的经历就被打断了，并常常在我们飞往下一件事的过程中被遗忘。新的事件激起了我们对新奇的渴望，迅速触发情绪反应，这样一来，我们就不经意地轻松背叛了我们当下的体验，为了奔向另一种被寄予"厚望"的体验，使得第一种体验无法被真正地自我觉知和达成圆满，这就是需要维持注意力的地方。

正念练习不仅使我们更加觉知到这种打扰自己、使自己分心的强烈倾向，关注到我们总是偏离当下参与的体验，偏离我们所谓的主要目标或聚焦点，它还能锻炼我们的注意力，使之变得更稳定、更坚定、更少地被卷入思维之流、暂时的情感状态的干扰和能量转移中。通过这种方式，我们就逐渐将注意力这个工具打造成型，从而使其牢固地锚定并稳定下来，同时可以像显微镜一样专注并辨别出表象和无觉知之下正在发生的变化——高清且准确。如果我们的觉知缺乏这种稳定性，我们将继续屈服于自我打扰，甚至对此毫无察觉。

而自我打扰实际上就是自我破坏。它拥有大量的耗散能，一不注意，就会阻止我们真正调动自己的全部力量、创造力和感知力。数十年来，我们都用这种方式跌跌撞撞地前行，错过了就摆在我们面前或在我们身心内的事物，因为我们观察世界所用的镜头蒙了水雾。结果，我们就此错过了自己的内在真实和真正向往的生活，最终可能会感觉到彻底地迷失、身心枯竭，却不知缘由。因此，一个非常有用且具有启发性的做法是将那些因自我干扰而使我们偏离更伟大目标的情况——这都是我们自己的问题，怪不了别人——在出现之时就置于觉知领域的中心，让它们在那一刻成为我们冥想练习的对象。

当我们与他人交往时，这种内在的打扰自己的习惯有时也会从我们的对外行为模式中显露出来，这也是冥想觉知的一个非常有价值的目标。也许你已经注意到了在与其他家庭成员交谈时，你还没说完一个完整的想法或一个完整的句子，嘴里就蹦出了另一件想到的事情，这是一个不合逻辑的推论，亦是一个不让自己完成当下想法、打断自己的例子！与家人以外的人交谈时，我们也如此行事，我们的思绪一路狂奔，我们不再参与当下。在那一刻，这种状态背后巨大的推动力可能使我们无法听到自己的想法，更不用说讨论其他人说的话，那就是我们开始打断他人和我们自己的时候。

在这方面，只需稍加一些觉知就大有帮助。尽管如此，我们这些未经审视的习惯性模式仍在心灵上刻出了深深的凿痕，使我们难以挣脱。需要极强的注意力才能捕捉到它的发生，还要极强的意志力确保我们能够停止并断念。如果我们总是不自觉地打扰自己，我们将如何认识自己、倾听自己和了知自己呢？

如果我们拒绝倾听，并且继续补完其他人没说完的话（因为我们默默假设，我们比他们更清楚他们要说的内容，如果你停下来想一想，就知道这是多么傲慢），或者我们无意识地说出在那个时候盘踞在我们脑海中的想法，即使这可能与刚才所说的没有直接关系，我们又如何与他人在当下交流呢？

　　如果我们在这方面一点都不自察，我们与他人关系的质量将会受到极大损害，更不用说我们与自己的关系质量了。这个道理我每日牢记在心，因为滔滔不绝地讲大道理是容易的，难的是付出行动。

第十七章

填满每一个时刻

　　为了应对头脑中那些通常由瞬间感官印象引起的、让我们扰人又自扰的烦忧，我们倾向于不断地填塞自己所有的时光，这样就不会无所事事或无聊，也不必去应对宁静的生活状态。

　　即使是在工作，我们也总会从一件事情跳到另一件。这些事情可能是查看即时消息或电子邮件、打电话、发信息、刷朋友圈、分享快照、阅读报纸、翻阅杂志、在电视上浏览频道、在流媒体上观看电影，或是打开冰箱、一上车就打开电台、忙各种杂事，或是强迫性地打扫房间、躺在床上看书、说些和此刻毫无关联的废话，这一切只是反映了不断困扰着我们的胡思乱想。而所有这些以及更多消磨时间的常见方法——至少其中一些是维持生活和处理重要事务所必需的——也让我们永远无法专注于当下，保持完全清醒。

如果我们在这些冲动一出现就注意到它们，那么我们可能会发现我们实际上（所有双关语都是故意的）沉迷于分散自己的注意力，我们习惯性地掠过每一个瞬间，用活动和事情去填满它们，但并未真正置身其中。

我们填满了时间，然后奇怪时间都去哪儿了。我们用各种方法来让自己分心，就像分流河水，然后想知道——在某些时刻，我们短暂地对一切抱以更多的关注——我们在生活中所处的位置，以及为什么我们感觉与目标、与最深处的渴望、与满足感、与平静、与我们内心的真实，以及与他人之间的深厚联系都相隔甚远。在这样的时刻，我们可能想知道生活把我们带到了何处，或者为什么事情没有比现在更好、更令人满足，在几个糟糕的夜晚后，我们的注意力又习以为常地转移，在很大程度上是因为这让我们短期内感觉更好。我们不得不想办法打发时间，否则我们可能会感到时间是那么的冗长、空虚和可怕。

或许，当我们直面问题时会发现，我们实际上害怕拥有时间，即使我们抱怨时间总是不够用。或许，我们害怕如果我们不再打扰自己，或者我们不再把所有的时刻都填满，只是安于当下，即使只是片刻，究竟会发生什么。也许，我们拥有的时间恰到好处，却忘记了如何明智地使用它。

安顿在自己的身体里，简单地感受活着，即使只是片刻，这是种怎样的体验呢？例如睡前五分钟躺在床上或闲坐着，或者可以选在一天开始的时候，甚至在起床之前。这样的生活是怎样的呢？你当然会发现答案，只要顺其自然，不让任何事情填满当下，尤其是对未来和你"应该"完成的一切的焦虑，或者对已经发生但未如你所愿的事情的愤恨。如果这些情绪出现并开始在你的内心蔓延，你可以试着去觉知到它们，特别是那些不耐烦、愤怒、恐惧、担心、怨恨或悲伤的情绪。你可以尝试看看在这种感觉中徘徊是什么感受，沉浸在其中，坚持比你认为可承受的再久一些。这时你可以问问自己，觉知到不适或烦扰是否让你不爽或不安。即使你处在焦躁不安的状态，也可以在洗澡的时候觉知自己是否真的在洗澡，还是说你的思绪已经飘到了别处，被杂事填满，忘记回归此时此地——感受洒落在你皮肤上的水珠。

即使是在假期里，我们也会把所有的时间都填满，拼命地想要玩得开心，最后却奇怪时间怎么都过去了，或者回家后感到隐约的不满。我们有照片证明我们到了某处，但我们真的在场吗？这张"来自边缘的明信片"上写着：

过得很开心。如果我在那儿就好了。

有人曾经在正念减压静修专业培训结束时用这句话来

描述他为期 7 天的经历。人们大笑起来，因为我们都非常清楚大脑通过频繁地离开此刻来填满自己，眼睁睁看着这种分心不停发生，即使在练习冥想时也如此，真是令人羞愧。实际上，这在练习冥想时尤其突出，因为当我们如此仔细地观察自己的思想时，我们会更加清楚地看到这种情况。记住松尾芭蕉的这句诗（参见《觉醒：在日常生活中练习正念》中的"听"一章）：

即使在京都，
听到杜鹃的啼鸣，
我也想念京都。

即使独自一人，即使在原始的荒野，我们也很容易用憧憬、遐想、期盼等关注于事物或用"观光"的渴望来填充时间。这些身心的波动都可能使我们与自然或当下的事情分离开来，让我们去预测未来，或陷入记忆或欲望中。观光者可能无法真正看到感兴趣的或重要的事物，甚至看不到你有幸看到的景色。你总是在寻找更好的时刻、更美的景色、更棒的体验。如果你看到一只小熊，你会嫌离得还不够近；或者你觉得自己只看到了鲸鱼的尾叶，错过了鲸鱼破水而出时的全身。

在满脑这种想法的那一瞬间，我们可能就完全错过了鲸跃时的声响，或一只狐狸的叫声。我们也可能会错过寂静，甚至是原始旷野中的寂静，因为心灵总是被自己发出的噪声所充塞，以至于无法察觉。这样一来，我们就如此轻易地错过了当下的瞬间，越过思考和所有需要做的事情，前往其他地方，寻求新的刺激，无论我们思想中的渴求有多么强烈，无论在短暂的快乐和难过中我们能合理化多少欲望。

我们可以在这样的时刻问道："是谁需要这些新的刺激？""刺激到底指的是什么？""这种刺激会带来什么？"

躺着看云，沐浴在鸟鸣声或荒漠的微风里，感受周身的气流，从峡谷的山壁散发出来的热气，在石头上嬉戏的阳光；或是当你约会迟到，正试图在暴风雪中寻找市中心的一个停车位时，感觉脖颈后的肌肉绷紧。无论你身处怎样的环境——荒野、都市或郊区，当此刻的生活正在眼前徐徐展开，为什么还要拒绝它，而要去其他地方寻求刺激、娱乐和分心呢？明明已经没有更好的地方，也没有当下以外的时间。分心时，我们的心神像溪流改道一样与我们的生活分流，一些毫无必要的东西填满了那些有时艰难却完美的时刻以及我们美好的思想，但这又有什么意义呢？

你能够待在此地吗，无论你身在何处？无论发生什么事？就在此刻？

如果可以做到，你可能会发现自己已经度过了一段美好的时光，比你所知道的都要美好。也许，当一切都说过、做过之后，你就可以舒舒服服地在家中安定下来……无论身在何处，都能安于自身，不受外界环境的影响。

互联网上有不少人会分享关于冥想练习的幽默语句，正如其中一人所说的那样：

你人在哪儿，心就在哪儿。你的行李就是另一回事了。

*

一位母亲正在教她的孩子分辨时间。他们一起复习："当时钟的指针像这样走到一起，都是垂直向上的时候，就是十二点，午餐时间；当它们像这样连成一条直线时，就是六点钟，晚餐时间；当它们变成这样，就是九点钟，该去和小伙伴玩了；当它们变成这样时，就是三点钟，该洗澡了。"

孩子问道："那么妈妈，'许多时间'在哪里呀？"

*

如果我们都有许多的时间，但是我们忘记了怎么办？

正念与在每时每刻都牢记、重新连接并回归现实生活息息相关。但是，无论我们有多少时间，它们都不会永远持续下去，无常之律永远存在，而且难以参透。那么何不珍惜眼前的时光，将它们串连成许多的时间，将这许多的时间用于清醒地认知现实，处理重要之物，以及知道如何利用这一优势，以便我们能回归己身，而不是风风火火地挥霍时光，冲向此后更好的时刻。这样做就可以了，如此而已。

如此而已。

第十八章
抵达某处

在加利福尼亚的一个冬天，我在冥想大厅外的平台上行禅的时候，感受到了这么一个时刻。从位于高处的冥想大厅俯瞰，可以看到一条小溪顺着两座雄峰之间的峡谷蜿蜒而下。当我面朝东南时，左边是一小片丛林，在两山交界处欣欣向荣，与之相邻的是正对着我的裸露的马林山坡，从左至右倾斜四十五度，再过去就是穿过峡谷绵延至远山的景色。就在这时，我所有的感官都经历了一次从内而外的震颤，我充分意识到我正在加利福尼亚。

当然，我之前就知道我在加利福尼亚，几天前刚飞到旧金山机场。但是在平台上的那一刻，我才真正"抵达"了加利福尼亚，加利福尼亚也才被我真正地意识到、确认并揭开了面纱。童年的回忆、景象、气味和感觉变得鲜活起来（就像是一个六七岁的孩子去感受故乡之外的、同以前的认知完全不一样的景致）。在那一刻，加利福尼亚，或者至少是那个场所，那个位于马林县的被称为"灵岩冥想中心"的微型环境，连同当地独特的土地、空气、水和生命，一直到其独特的植被和溪流里青蛙交配时发出的嘈杂声响，都被看见、被闻到、被听见、被品尝、被感知、被了解。

> 从清晨的山上荡来一丝凉爽的水汽
> 像面纱一样遮住我的脸庞
> 诱人地飘进毛孔里。
> 走出餐厅
> 我抬起双眼（古老的措辞方式正适合这个经典时刻，恰如《旧约》的诗篇）
> 朝群山望去，
> 在柔和的晨光中闪着金光。

在那一刻之前的几天，我想我只是驻留在自己对加利福尼亚的设想里，花了一段时间才完全抵达。如果你能够不去惯性地过滤周遭事物，立于当下，则可以在任何时间、任何地点真正抵达某个地方。否则，你只是到达了自己对某地的设想，无论这是加利福尼亚、巴黎还是加勒比海的度假胜地，或者是你的办公室，你都永远无法真正抵达。那张"来自边缘的明信片"在此也非常适用："如果我在那儿就好了。"但你就在这儿！你就在这儿！

　　另一个经常谈及的故事也蕴含着类似的提醒。美国电视台工作人员雇用了非洲部落的居民帮他们背负大量设备，指引他们穿过丛林前往城市。由于时间紧迫，新闻人员坚持这几天都要快速行进。最后，在离目的地只有一天的行程时，搬运工们不顾百般请求、劝告和承诺，拒绝再多走半步。电视台工作人员哀求他们，指出他们就快到了，再多努力一下就可以完成旅程，但是部落居民仍然固执己见。你问原因？他们认为以这种异乎寻常的速度前行，需要适时驻足，才能让自己的灵魂跟上匆匆的脚步。

　　只有当我们完全到达并在场，跳出自己的设想，充分调动我们的感知，才算真正抵达了这个地方，也许这就是我们生活中持续的难题和挑战。在说完、做完一切之后，我们能否在"所有探索的最后……到达我们开始的地方，并第一次了解它"？T. S. 艾略特做了肯定的回答。我们可以。我们可以！

　　我们不会停止探索

　　所有探索的终点

　　都将抵达我们启程的地方

　　并且是生平第一次知道这个地方。

　　当时间的终极犹待我们去发现的时候

穿过那未认识的，忆起的大门

就是曾经的起点；

在最漫长的大河的源头

有深藏的瀑布的飞湍声

在苹果林中有孩子们的欢笑声，

这些你都不知道，因为你

并没有去寻找

而只是听到，隐约听到，

在大海两次潮汐之间的寂静里。

　　　　　——T. S. 艾略特，《小吉丁》,《四个四重奏》

　　但是，到达并第一次了解起始之地又意味着什么呢？这需要付出什么？我们什么时候才会意识到它的实现？我们是否知道自己已经掌握了需要的一切，这些又是不是我们需要的？我们知道自己已经在那里了吗？……我的意思是，在这里？

　　艾略特《四个四重奏》的最后一个诗节继续诉说答案，韵律、文字和节奏没有丝毫卡顿：

倏忽易逝的现在，这里，现在，永远——

一种极其简单的状态

（要求付出的代价却不比任何东西少）

而一切终将安然无恙，

世间万物也终将安然无恙

当火舌最后交织成牢固的火焰

烈火与玫瑰化为一体的时候。

"一种极其简单的状态。"你觉得我们要到哪里找到它呢？

"要求付出的代价却不比任何东西少。"这风险颇高，确实是一生的冒险，放在括号里，但这句话分量可不小！

"而一切终将安然无恙。"也许一切已经安然无恙……现在就非常完美。就像这样完美。这里。现在。正在抵达。

抵达此处。抵达现在。第一次了解此地此刻，一点一滴地了解。

第十九章
你无法从此处抵达彼处

　　要到达并了解我们第一次开始的地方，需要的并不止表面所看到的东西。首先，我们面临着它永远不会发生的风险。太多东西会妨碍我们，尤其是我们的思维方式或我们一直坚持却未审视的观念。抵达一个地点、看到一处景色，任何地方或任何真实的风景，都需要开放的心来迎接。最终，它确实需要一种极其简单的状态，以便我们看到可以看到的东西，知道可以知道的东西。如果我们坚持，尤其是在不自觉的情况下，只通过我们的观念、想法和经验这些有所限制的透镜去观察，无论它们有多么精彩和博学，要做到那两件事都是不可能的。

　　对我们尚未经历的事情彻底开放要付出的代价并不比其他东西少。有时候我们不想付出代价，当我们是（也总是）新来者的时候，我们对自己的方式抱有一定的依恋，或者我们条件反射地认为我们清楚自己的方式，我们每个人始终都在朝着陌生的未知地平线走去，也总是在强调，无论我们是否在某一时刻意识到这点。在这片领地上，一个人内心深处的直觉即使违背了常规思维的主要方面，对于创造力和新发现来说依然是至关重要的，对最终摆脱我们的依恋和盲目也是极其关键的。

如果我们持续学习，虽然有时会遇到痛苦和困难，但我们最终都将被体验所驱动，去审视和超越自身默认假设的边界——通常这是我们接受的专业培训的产物，从孩提时代带来的条件反射，以及我们因为熟悉和舒适而容易陷入的感知和思维模式，在某些情况下它们也颇有成效。这种惯性驱动的思维方式、内隐偏见和默认假设有时会诱使我们陷入排除正交观点（orthogonal perspectives）的思维和理解方式中，尽可能理性地从新颖的视角去思考，所有人都时而如此，无论我们多么专业、富有洞察力或学识渊博。对我而言，这是一门需要持续学习的关于谦卑和去执的课程，这门课很难，我不及格了许多次，但归根结底，这门课说的是生活中的一切都是修行，而不仅仅是我们喜欢的事物或符合心意的情况。这是一份无限期的邀请，邀请我们相信自己的直觉和经验，面对我们自己的盲目和不足，对未知保持开放的态度。

在这种情况下，我们需要其他的东西，一些极其勇敢和大胆的东西，因为这涉及离开舒适区，拥抱陌生的外界，这里有未知的事物，超出我们所能看到的范围，但我们凭直觉认为这里值得拜访。这趟旅程可能会非常可怕，也非常艰辛，实际上，没有什么比这更困难的了。

以下这段描述是关于认知疗法中的一个新领域是如何发展的，这一发展要求用"心理治疗"的设想方式进行根本性的转变。我在此说明，是因为正念在许多相对传统的心理学圈子里已变得越来越流行。这部分是因为正念减压（MBSR）疗法，并且主要是由于接下来我要讲述的"正念认知疗法"（mindfulness-based cognitive therapy, MBCT）。MBCT 以及其他基于正念的疗法，例如辩证行为疗法（DBT）、接纳承诺疗法（ACT）、正念自我关怀训练（MSC）以及各种所谓的"正念知情"（mindfulness-informed）心理疗法，已经改变了心理治疗和心理学领域的地形。不过，MBCT 在将心理治疗带入正式和深入的冥想练习这方面起了带头作用。

我认为，对正念的日益增长的兴趣和热情在很大程度上要归因于我们日益增长的对真实、明确和内在和平的渴望，而这种渴望现在已在许多不同的方面展现出来。我认为它的兴起具有积极意义，是我们这个世界一股潜在的强大的治愈力量。但是，随着正念变得越来越流行，不可避免的首要问题是，它仅仅是一个概念，很容易与实践这一基础脱节，因而与它的治愈、转化和解放的力量脱节。因为从表面上看，它是一个极好的、令人信服的观点，让人们在自己的生命中更多地在场，减少反应和评头论足，因此一些专家自然认为，它仅仅从知识上就可以被掌握，于是以这种方式把正念作为概念向他人传授，没有扎实地基于个人的自我实践。但是，如果没有实践，无论提供的是多么明智、清晰、敏感或治疗性的东西，它都不是正念，不是法。因为是实践本身⊖提供了进入正交空间（orthogonal space）的入口，超越了我们通常所陷入的传统视野。正如我们一次次所看到的（请参阅《正念地活》和《觉醒：在日常生活中练习正念》），实践本身就是载着我们通往五感并唤醒我们对现实和可能性的全方位感知的工具。

1993 年，辛德尔·西格尔（Zindel Segal）、马克·威廉姆斯（Mark Williams）和约翰·蒂斯代尔（John Teasdale）这几位分别来自多伦多、北威尔士（现在的牛津）和英国剑桥大学的临床心理学和认知科学领域的优秀学者，正如他们在《抑郁症的正念认知疗法》一书中所描述的那样，首次来到减压门诊，他们最初是从玛莎·林内翰那听说我们的工作的。玛莎是一位行为治疗师，通过精

⊖　详细的练习介绍和表述请见《觉醒：在日常生活中练习正念》的第二部分。

心研究成功发明了辩证行为疗法（DBT），用于治疗边缘型人格障碍。玛莎是一位颇有造诣的研究者，也是一名资深治疗师，她钻研禅宗多年，现在是一名禅宗老师。DBT融合了正念的精神和原则，以及任何可供被这种特别的痛苦考验（包括高自杀率和自杀企图）所困扰的人们使用的正式练习。

那时，辛德尔、马克和约翰已经合作了 18 个月，为了研发一种新的认知疗法用于预防重度抑郁的复发，这种令人逐渐衰弱的病症在世界范围内非常普遍，严重干扰人们的工作、睡眠、饮食和享受愉悦活动的能力。出于令人信服的理论性原因以及重要且非常实际的临床需求，他们决定在这个关键时刻，将他们的工作进行合乎逻辑且可能至关重要的扩展，那就是引入基于团体的训练计划，包括依照 MBSR 的指导为抑郁症患者提供的正念冥想及其在日常生活方面的应用。

特别是，他们的设想是探索正念作为一种注意力调节策略可以与更传统的认知疗法起到协同作用，以一种潜在的新颖方式解决与重度抑郁相关的严峻问题，即被抗抑郁药治疗成功并因此不再处于临床抑郁状态的患者仍然有较高的复发率。换句话说，一旦治疗结束，他们很有可能再次陷入抑郁状态。

出于多种原因，他们猜测基于团体的正念训练方法与适当的认知疗法程序相结合（后者大部分用于个体治疗而非团体治疗中），可能会帮助他们更有效地解决重度抑郁患者在成功摆脱抑郁症的急性发作之后不再抑郁，但依然具有陷入抑郁性反省的思维之流的强烈倾向等问题，因为这种反省本身会触发并增强抑郁思维，使人的情绪进入恶性循环，导致全面复发。

他们想要探索正念以应对这些负面思维倾向的理由是基于理论且极富洞察力的。通过推理，他们认为正念可能会为以下几个方面提供有效框架：①向患者说明专业术语中的"去中心化技巧"（即退后一步，以不那么自我的方式去观察自己的思考过程的能力，将自己的想法简单地视为想法，是觉知领域中的某个事件，而不必然是对现实或自己的准确反映，无论其内容可能是什么）；②训练患者察觉自己情绪恶化的情况，以便他们能采用向内的去中心化立场；③用他们在科学理论报告中的措辞来说，维持反刍思维／情感循环的信息处理资源通常有限，可以使用正念的技巧去占用这些有限的资源。

那天下午，我和我的同事从谈话开始就可以感觉到，他们开始这项拟议项目的个人和集体动机充满了对患有这种全球盛行疾病的人们的同情，以及一种高涨的热情，希望增加对高复发率这一棘手困境的临床治疗方法的科学理解。

　　三人中，只有约翰有过正式的冥想经验。他进行过长期的冥想练习，并拥有在来访者身上成功实施的经验，深信通过正念培养非主观的开放心态对复发性抑郁症患者的潜在治疗价值。但同样明显的是，马克和辛德尔自己也承认，他们觉得正念研究没有太多实际意义，原因在于他们没有过正式的冥想练习经验，对此也不是特别感兴趣。他们感兴趣的是所谓的"注意力控制"以及它作为一种在临床门诊团体环境中增强去中心化的有效工具的潜在运用，这激发了他们研究 MBSR 疗法的意愿。三人计划研发一种互相认可的治疗方法，分别在各自的国家为患者开展项目来进行测试，并将他们各自获得的结果结合起来，作为对这种方法有效性的研究。

　　当然，正念培养的核心是系统性的练习，以稳定和敏锐的注意力去时时刻刻识别和观察作为觉知领域中的事件的思想，并尽最大努力有意识地进行持续的、系统性的参与，而不是去评判它们或陷入它们的内容之中，并在无可避免地以某种方式陷进去的时候，认清这些时刻，并且不因此批判自己。

　　认知疗法也侧重于识别和观察思想，但更多以推论的形式，将其置于一个解决问题的框架内，把思想的内容评估为准确或不准确，并尝试用更准确和更有利于健康的思想替代那些更不准确且可能会导致自我挫败的内容。我们的访客受到各种证据和推理的引导，猜测这实际上是将头脑中每时每刻的想法作为想法本身进行识别，而不是对它们的内容过多关注，后者是认知疗法的关键治疗途径，在患者的个体治疗中，已证明其对抑郁复发具有治疗作用。他们推论，如果确实如此的话，那么正念方法，这种比认知疗法更具活力，对注意力的发展更具有持续性，并且将思想作为思想本身来接纳的正式训练也要更规范的疗法，应对反复出现的消极反省或许有明显效果。因此，他们最初的目的是看看有没有可能将正念与认知疗法结合起来。他们猜测正念练习可能以更直接和有效的方式解决上述三个关键问题，即"去中心化"、对消极情绪转变的早期预警信号的敏感性，以及有意识地培养注意力——采用"占据"头脑中的某些信息处理空间的方式，否则将很容易出现默认的抑郁性思考模式。

将正念作为一种集中和分散注意力的策略与更传统的解决问题的认知疗法相结合在理论上看起来是可行的，但从一开始，只要他们的患者在练习及生活过程中出现抵触、困难情绪或危机的情况，他们就会对正念在处理这些方面的有效性产生严重怀疑。因为他们在第一次与患者会面时所抱的想法是，如果出现这些问题，他们的专业治疗知识会解决这些问题。

在治疗过程中添加或组合不同的干预元素是临床心理

学中相当普遍的做法。如果你所做的只是引入另一种方法或技术来调节注意力，或增强放松，或培养洞察力等广泛的方法都被用于实现成功的治疗，这些都是有意义的。添加的模块或技术也许对某人"有效"或"无效"，因此，专业人士按照类似的思路将正念视为一种潜在的重要技术或模块，他们可以将其"插入"治疗框架，是一项服务于他人特定且明确定义的功能，而其余的治疗由其他元素负责，这种做法并不少见。就我们接待的访客而言，他们已经直觉地意识到正念需要从认知疗法的标准视角彻底转变，如果可能的话，将两者结合起来同时充分发挥其应有的作用可能会非常具有挑战性。从我们的角度来看，我们担心如果他们三人没有全面的正念冥想训练和经验，他们将不可避免地发现自己退回到训练有素的治疗师的观点和技能上，从而无法代表和突出冥想练习本身的广度和深度。我们担心这种方法可能会导致冥想练习最后以这种"模块化"的方式呈现出实际的功能，尽管他们的意图是好的，但也只是以一种"技术"与一系列其他更传统的治疗方法相结合罢了。

当我们坐下来一起交谈并听到他们希望做什么时，我们试图强调正念是一个正交的宇宙。它不太适合有限的模块化应用，至少只要人们坚持一种传统的框架，将其视为人们可以使用并擅长的"技术"，当它既可以"适用于"

某些情况，又可能不适用于其他某些情况时，就会出现这样的问题。总之，正念冥想不仅仅是一种注意力调节的临床策略，尽管它可以极大地增强注意力和洞察力的稳定性。它也不是一种放松技巧，即使它可以诱导深度放松状态以及平静与幸福的感觉。它也不是一种通过重构人的思维模式或人与特定情绪或情绪状态的关系来解决问题的认知治疗技术，哪怕它可以对一个人与习惯性思维模式、情绪反应和吸收情绪的关系产生变革性影响。此外，它并不完全以思维过程为导向，独立于情绪、情绪纷乱和情绪反应，它也没有独立于身体状态和更广阔世界中那些正在发生的情况。在正念练习中，这些领域以及在一个人的各种心理状态的体验中发生的其他所有事情都被视为一个无缝的整体，作为一个人的人格个性和生活体验的不同方面。

我们还强调，正念实际上不是一种疗法，它的主要目的不是修复一个人或纠正一个特定的问题。从我们的角度来看，这对不熟悉冥想的任何人来说听起来都很奇怪——我们也承认这听起来可能很奇怪，尤其是在将其作为临床干预的专业背景下，因为在临床干预中一切手段的目的都可以理解为获取好的结果——我们解释说，正念作为一种正式的冥想练习和一种生活方式，更多的是关于无为而不是有为，它的目的是引发对我们所谓的存在领域的探索和培养。任何可能发生的变化都来自意识的轮替，这种轮替通常源于从做的模式到存在的模式的转变，而不是像认知疗法那样通过干预来解决问题或带来特定结果。尽管如此，我们说，根据我们在减压门诊对患有各种疾病的人以及患有恐慌症和焦虑症的人的经验，很明显，如果全身心地练习正念作为一种存在方式，正念可以并且确实会在相对较短的时间内（例如八周的正念减压疗法）为很多人和问题带来深远的健康收益，包括症状显著减轻、在压力条件下更有效地处理情绪反应，并能洞察存在的深层维度以及想法和感受的桎梏。

如果正念真的是一种存在方式，一种观察、感知和感觉的方式，而不仅仅是一种技术，那么我们强调的是，如果他们想将其纳入预防重度抑郁复发的治疗并真正让其患者参与到正式的冥想练习中，全心全意并有一定程度的纪律性和恒心，就必须建立一种方法，允许和鼓励以不争或无为作为导向来培养正念，也就是为了正念本身。它必须在当下的练习、探究和对话的背景下进行教授，并使用它自己的语言，而且房间里的每个人都清楚地知道，这种语言与认知疗法的语言大相径庭。练习应该以它自己的方式呈现，作为一种激进的无为，引发一种违反直觉的接受和开放的内在立场，而不是修正或解决问题，并且希望以这样的方式，它会被有愿望的参与者体验到，作为既是他们身体中一种新的，也许更友好、更自我关怀的存在方式，也是接受一个人的所有想法和感受的更新、更好的方式，既不评判它们，也不试图用一种思想或思维模式代替另一种思想或思维模式。

换句话说，除非将所有这些因素都考虑在内，否则在不改变其本质的情况下，正念不可能与认知疗法相结合。在我们看来，如果他们希望正念有任何价值，他们必须以正念训练和练习作为整个计划的核心组织原则。因此，当面对困难的情绪和具有挑战性的环境时，正念必须构成所采用的方法核心。做不到这一点可能导致我们的努力成为对正念滑稽可笑的模仿，使其面临变质的风险，从而失去其内在力量以及多层次和细微差别带来的丰富性。⊖

这对我们来说，是在与访客第一次见面时就要传递并让他们接受的理念。我们完全不清楚他们作为一个群体是否意识到对自己作为个人和团队以及他们的患者采用这种导向的所有后续影响。由于他们是如此开放和友善，我们很乐意与他们坦诚而直接地谈论我们的看法。

但还存在另一个问题。他们最初非常单纯地理解为，

⊖ 你可能认为我们对银屑病的研究表明，只需"插入"引导式冥想录音节目即可获得良好的结果，而无须任何形式的团体参与，也无须磁带本身之外的任何指导或反馈。但是，该治疗方案在特殊情况下仅适用于非常专业和有限的目的，并且与由讲师领导的面向抑郁复发高危人群的团体导向计划没有特别的相关性。

只要让他们的患者定期使用我们的引导式冥想录音程序，包括在课堂上，就可以让他们学习冥想和练习。正如我们所指出的，尽管约翰·蒂斯代尔长期以来对冥想和个人冥想练习有着浓厚的兴趣，但当时他没有任何对多人同时教授冥想的实践经验，这个角色对任何人在任何情况下都是相当艰巨的挑战，即使是对已经有多年练习和教授冥想经验的人来说。

很快我们就发现，作为一个团队，他们并没有认真考虑过这样一种可能性，即为了做他们希望做的事情，他们每个人不仅必须自己练习冥想，还必须引导和指导他的患者在课堂上的各种练习中，根据他自己直接的、主观的实践经验，决定为课后的日常作业布置相关音频指导。我们提出这样一个事实，从我们的角度来看，在自己没有进行持续冥想练习的情况下对他人的冥想给出建议，即使可能，也不会非常有效——例如，如果你自己没有类似的经历，你如何能够回答患者关于他们在冥想经历中遇到的问题？至少对于马克和辛德尔来说，这无疑是一个意外的变化。

要求别人做一些你实际上并没有参与的事情（至少在冥想的情况下，不会有直接的亲身体验），与承诺本人与你的患者一起练习的方向形成对比，体现了有时在心理学中的传统治疗方法（使用特定方法来实现理想治疗服务的目的）和冥想训练（以非工具方式进行）之间出现的思维上的一些根本差异（见《正念地活》"看待冥想的两种方式"一章），即将冥想作为一种存在之道，而不是简单地作为一种工具性技术来实现更理想的状态或看法。

此外，治疗师有很强的职业道德，这表明在私人需求、兴趣和参与（无论它们是什么）都要与患者的需求之间保持严谨的区分。然而，我们在这里建议，为了真正理解正念的练习及其可能对患者产生的影响，一个人必须全心全意地参与其中，这相当于同意进行一次冒险，其性质在很大程度上是不可预测的。从狭义上讲，这不大可能严格按照专业要求行事，因为在这个过程中治疗师也要经历成长。这并不是说职业行为的最高道德标准和对适当界限的认识不会得到遵守和尊重，只是治疗师对自我角色的认定必须扩展以适应冥想老师的角色并得到充分体现，这是相当高的要求。

但即使是最基本的实操，如果不自己修炼，又怎么可能与患者分享和探索正念修炼呢？对练习过程中的现景时时刻刻的熟悉，对系统地培养与自我思想的直接亲密关系的熟悉，包括其所有活动、抗拒、分心，以及对自己身体和身体为响应自己的思想和情绪而经历的一切的熟悉，都可能不会成为这两位导师的日常授课内容的一部分，即使他们可能只是要求患者与自己的思想建立亲密关系并做出努力，或患者希望充分利用冥想练习的潜力做治疗和转化，那他们就应该这样做。如果是这种情况，就没有可靠的平台可以让他们与患者的冥想体验建立联系，也没有真实的经验库可以回答患者关于他们在练习中出现的非常真实的问题，或是巧妙地回应他们对冥想的感受，以及他们面临的困难和他们将其应用到日常生活的见解。

我和我的同事很高兴与他们进行这次谈话，很高兴他们那样有声望的专业人士对我们的工作表现出很大的兴趣，并且正在寻找一种方法使其能适应他们自己的领域和临床兴趣。这正是我们希望发生的事情——让正念成为医学、医疗保健及其他领域不断壮大的力量。但是，当我那天下午坐在那里聆听时，我却感觉到我们之间的参考框架存在一条深深的鸿沟，就好像我们的用词和谈论正念的方式不知何故缺少一种联系方式——尽管我觉得可能存在某种适宜的联系方式；同时，他们的开放、真实和关怀是显而易见的。我发现自己在思考如何可能以一种有益的方式传达我们看待他们所面临挑战的迥然不同的视角，而不是仅因为我们赞同自己的观点或受到他们建议或观点的威胁显得我们只是愚钝地坚持偏狭的观点。我觉得有必要以某种方式尝试阐明我认为他们观点存在的核心问题，同时也要尊重这样一个明显的事实，即他们的直觉和动机显然都切中要害。

双方之间的谈话进入了平静，甚至陷入了片刻的沉默，我想这是因为我们一起探讨的领域的博大精深和我们之间的严重分歧的感受所致。终于，我打破了沉默。"你知道，"我开始说，"生活在崎岖的缅因州海岸的人们有时会将一句话挂在嘴边。每当夏天蜂拥而至的游客向当地人问路时，当地人都会以一句口头禅作为回答——'哦，你从这儿到不了那儿'。我发现我对你们提出的观点也越来越有这种感觉。"

这并不是要贬低他们的想法或动机，我当然也不是要给它们伸张正义，但是你可以通过阅读他们自己对这次争论以及他们随后与我们会面的生动描述得到更多的信息。抑或看他们会如何反应，检验他们找到一种"结合"正念和认知疗法的方法的决心只是一个很小的问题，对于这种结合疗法我们可以都同意它与正念练习的广度和深度相称。我想说的是，为了理解正念，不要介意如何将其整合到他们的临床工作中的复杂性，如果他们所有人都要实现干预的话，那么只有其中一个人在练习正念是行不通的。他们都必须正式和非正式地练习冥想，不能浅尝辄止，不能装模作样，不能只要求患者；治疗师必须全身心投入，为了他们自己，遵循我们在正念减压训练中坚持的首要原则，也就是说，如果我们自己没有做到每天坚持练习，也没资格对我们的患者做出这个要求。

但是，我在想，这三位杰出的科学家兼临床医生，深深扎根于他们的认知治疗模型和专业术语中，只有其中一人拥有冥想练习的第一手经验，如何才能找到一种方法来就他们共同项目的行动方案达成一致呢？作为一个团队的成员，他们每个人将如何抛开自己在进行冥想练习的同时还要进行冥想教学的做法所保留的专业成见？马克和辛德尔，这两位以前对冥想没有兴趣或经验的人，如何各自走出来自多年的训练和专业精神的框架，甚至亲自体验冥想练习，一开始可能是出于好奇而付诸行动，但后来可能是出于某种更深层次的动机，而不仅仅是因为我们说它不能真正以其他任何方式被理解？他们作为个人和团队来做这项工作并遵循他们最深层直觉的动机是否会使他们背离自己最初的期望、概念化和疑义？特别是因为这可能意味着在教授患者时放弃他们专门用于认知疗法领域的术语，从治疗师模式转变为更多的正念指导模式，以及至少有一段时间故意搁置他们的临床观点、想法和大脑运作的概念模型。

相反，我们建议他们每个人都以系统和有条理的方式亲自进行练习，并观察自己思想和身体的展现活动，一段时间内以自己的方式接受任何事物，而不是考虑立即将其与注意力控制理论联系起来，或患者的心理和抑郁症复发的问题。当然，一些思维之流中的必要内容之类的因素是不可避免的。从长远来看，某种结合是必要的、不可避免的，也是非常可取的。我们并没有否认这一点。但他们是否可以在短时间内刻意暂停他们常用的参照系和认知坐标系，并练习观察自己的思想和身体呢？

我很难设想他们会倾向于单独和集体进行这样的冒险。然而，以我们的方式来看，这只是做他们想做的事情和真实所需的最低限度。如果不这样做，就根本无法从"这儿"到达"那儿"。具有讽刺意味的是，他们要找到一种方法来取代他们正在使用的特定镜头，并不是那么容易，他们会发现他们想要到达的"那儿"已经在"这儿"，所需要的只是暂时摆脱一组镜头并带来一组新镜头，或者我们可以称之为创新思维的"非镜头"（non-lenses），以用在自己的经验中每时每刻展现的事物上，也就是说，通过基本的、清晰的、非评判性的、非反应性的、非概念性的注意力做到这一点。由于他们都没有在集体环境中教授冥想的经验，因此，除了发展自己的个人冥想练习，这方面的练习本身就需要一些时间和大量深化。总而言之，如果他们决定深入研究下去的话，这将是一笔巨大的投入，并且不能保证它会成功。他们只能单独和作为一个团队一起做出这样的决定——当然，这只是出于他们自身的原因，但从我们的角度来看，他们所看到的是向未知领域的巨大飞跃。

值得注意的是，他们最终还是这样做了，并不是因为我们这么说，而是因为他们对我们所说的话很感兴趣，并且发现这与最初让他们来访的直觉和动机相吻合，甚至更多是根据他们回去后与患者互动的经历。他们将自己的想法用于临床干预的第一次尝试中，正如他们在书中所述，[⊖]并且，当课堂上出现强烈的情绪和其他问题时，他们确实发现自己又回归到了认知疗法的本能和技能上，而不是将它们作为冥想练习本身的一部分来解决。教授正念的初始经验将他们带回减压门诊，参加更多课程，以更好地了解正念减压中正在发生的情况，观察不同的正念减压教师并研究教师实际行为以及他们在这个过程的不同阶段操作的内容和方法。在第二次来访的某个时候，马克和辛德尔决定，像约翰一样，他们自己会进行日常的正念冥想练习。

从后来的交流中可以看出，他们全心全意投入练习，而且不是以专业人士的身份而是作为普通人投入练习，这样就不得不面对和处理他们的各种专业不适和疑义。按照

⊖　Segal, Z. V., Williams, J. M. G., and Teasdale, J. D. *Mindfulness-Based Cognitive Therapy for Depression*, 2nd edition, Guildford, New York, 2013。特别参见引言，他们以非凡的个人坦诚和科学敏锐度的态度讲述了他们对这些来访者的看法。

他们自己的说法，这很痛苦，很困难，有时会引起很多怀疑和挣扎。但他们每个人都以自己的方式加深了对冥想练习的理解，接受并坚持定期进行练习，致力于将基于好奇心和自我关怀的动力带到其中，更抱着帮助其他遭受抑郁症折磨的患者的愿望。随着我们越来越喜欢和尊重他们，他们得到了正念中心每个人的大力鼓励和道义支持，并开始欣赏他们为认知疗法带来的创新的力度和深度，同时开始欣赏他们作为科学家和临床医生的专业技能，更不用说和他们在一起是多么愉快。这些年来，我们之间的友谊不断加深。

作为他们个人探索和科学调查的结果，约翰、马克和辛德尔在这些年中，无论是个人还是团队，在针对抑郁症复发的治疗方面都做出了重大贡献，如果没有他们表现出的勇气，我想这些都不会发生。作为一个团队，他们暂时放下了自己的专业框架，并以自己的方式，让自己沉静下来，观察自己的直接体验一分一秒地展开，相当于是利用自己的生活和经验作为实验室，以不同的、更直接的和互补的方式理解他们自己的思想以及患者的思想。

他们承诺一起做这件事是一个奇迹。他们坚持了数天、数周、数月和数年，同甘共苦，不胜赘述。对我来说，他们的态度和坚韧生动地证明了地位和自我依恋不是他们生活中的根本动力——当然在他们身上这一点是无须证明的。他们似乎对自己所开辟的研究道路没有出于个人或专业的抗拒，尽管他们也表达了一丝担忧，经常微笑着提到担心自己专业的同事们一旦知道他们实际上是在练习和教授冥想，同事们会怎么想他们呢？他们显然对学习和扩展他们探索精神和身体的知识框架持开放态度，而这正是认知疗法传统并未强调的方面。他们的书做了一件非常勇敢和富有想象力的事情：该书从他们自己的个人经历和学习曲线的角度讲述了正念认知疗法的发展脉络，这在之前的教科书中几乎从未涉及过。采取这种策略能让读者深入了解真正追求一种探索路径的实际情况，该路径综合了两种截然不同但都很强大的方法来理解心灵并加速痛苦的治愈。当然，也因为他们对关于新方法所影响的科学研究做得非常棒，结果足够令人印象深刻，他们的很多同事发现他们的著作以及其中描述的工作不仅在学术上令人信服，而且鼓舞人心。著作的出版以及陆续发表的一系列描述他们工作的学术论文引起了人们对正念及其在临床心理学领域应用的兴趣。这也促使马克和他的同事于2008年在牛津大学成立了牛津正念研究中心，这本身就是一项了不起的成就。

最近，约翰、马克和辛德尔又出版了一本同样精美的书，这一次是为他们的患者编写的自救手册，适用于患有重度抑郁的读者，他们希望在自我指导的努力中获得有效

资源，以运用正念来处理和摆脱抑郁反刍的深渊。⊖

如果受到追问，我认为他们每个人都会承认，他们对身心的看法以及对患者可能的看法变得更加细致入微，更加敏感，更有洞察力，也更加乐观，甚至更相信人们的能力，不仅因为他们自己参与了冥想的练习和教学，更因为多年来他们从体验过该实验项目的人员中观察到了较大的影响。如果情况确实如此，这不是他们从我们那里获得的，而是他们自己不断深化的正念练习经验。在我们多年的合作和友谊中，我们从彼此身上学到的东西可以说是不分伯仲，在此过程中，大家都继续享受着分工合作的奥秘，以及对由此产生的关系和对冒险的热爱，同时这些冒险还在继续。

在很大程度上，他们的工作在两个"世界"之间架起了一座桥梁。这两个世界，即临床心理学和基于佛法的冥想练习，在过去十年甚至更久以前几乎从未有过对话，而现在，跨越这座桥的双向"交通"有助于提高对这两个世界的洞察力和理解力。更重要的是，他们正在进行的关于情绪本质的研究和科学探索，以及如何通过注意力

⊖　Teasdale, J., Williams, M., and Segal, Z. *The Mindful Way Workbook*: *An Eight-Week Program to Free Yourself from Depression and Emotional Distress*, Guilford, New York, 2014.

来调节情绪以减少痛苦和将人们从抑郁的阴影中解放出来，在很大程度上促进了基于正念的疗愈方法的持续发展和传播。这些方法都是基于一种坚定的信念，即它们需要植根于冥想练习本身，而不仅仅是将正念作为一个概念看待。

第二十章

"压力山大"

　　一天，在前往一所院校与一个教师团体会面，讨论在大学中为本科生开发冥想课程（contemplative curriculum）之前，我与该校的一位宗教学教授通了电话。在谈话过程中，他告诉我他平日非常忙，除了教学和科研、旅行、在家抚养年幼的孩子，他还要承担所有的委员会职责。

　　出于某种原因，我的第一反应是笑着揶揄他一番，但我随即意识到这事儿并不那么好笑，对他来说当然也不好笑。这是具有诊断价值的，是我们年龄的一个明显标志，我这时发现自己有些悲哀，又有点失望。不知何故，在我内心深处，我一直怀有对这位常春藤大学教授的原型设计，尤其是亚洲研究学者和长期冥想练习者，在田园诗般的校园里过着安静祥和的生活。我跟他说，如果他来自医学院、法学院、商学院，甚至生物系，我都不会感到惊讶。但是宗教系！人文学科？！

　　说到这里，我意识到自己的思想是多么的狭隘。还残留着曾经的浪漫记忆痕迹，大概是 20 世纪 60 年代初我上大学的时候，那时的环境确实显得缓慢而悠闲，生活以更人性化的方式展开，生活节奏不至于让人长期感觉"压力山大"。当然，这里排除了当时美国南方种族隔离引发的暴力、古巴导弹危机等因素，但即使是古巴导弹危机似乎也是缓缓浮现的，我们被困在其中，只能做个无助的旁观者，对当时的危机可能导致"世界末日"感到束手无策。

　　相比之下，如今我们对当下发生的事情的内在个人亲身体验速度如此之快，以至于我们，无论是作为个人还是集体，几乎不了解发生在我们身上或我们周遭的事情。就像众所周知的温水煮青蛙一样，我们只有在感觉到自己已经被烫伤时，才意识到情况已瞬息万变且棘手；或者就青蛙来说，在没有试图跳出热水的情况下就死了，而不是像一开始如果掉进热水里就能跳出来那样的反应。世界和生活的快节奏悄悄地控制了我们，它已逐渐成为我们现在不知不觉地沉迷其中和沾沾自喜的生活方式。我们一直在不断加速，越来越期望更快地完成更多工作，处理海量的信息，包括我们想要的和只是被轰炸或让我们上瘾的信息，即使是电脑开关机的速度和网速也能让我们立即获得满足感。正如我们看到和了知到的那样，我们为了赶上日程安排且完成工作以获得我们想要的东西或逃避不想要的东西而跑得如此之快，在很多时候都感觉自己是在疲于奔命，没有片刻的喘息时间，或者只是放空自己，甚至停下来享受下我们已经取得或已经达到的成就，或者感受我们的痛苦和悲伤。

在当今时代，为了有机会保持我们的理智，我们每个人都可能要与寂静保持亲密。寂静和安静的时光可能不再是奢侈品，或许它们曾经看起来是，但现在也不再只是放弃世俗生活的僧尼、荒野中的冒险家或国家公园里的度假者专享的体验。我并不是在谈论休闲时间，我要说的是无为，关于在纯粹的觉悟中修生养性以度过深层的时间，在时间之外，让心智豁达敞亮。当我们在面对危及生命和慢性疾病时，如果它对我们有治疗作用，那么它对完全和长期不堪重负和丧失亲人的心理疾病又怎会没有疗愈的作用呢？我们的生活会比人的神经系统更快地明朗起来，心理也能得到很好的管理。

有一次，在芝加哥举办的一个商务会议上，主办方请我主持一个正念工作坊，其间大约有五十位西装革履的商界人士到场。活动一开始，我建议大家一起坐上几分钟，这几分钟内没有任何指令也不设任何议程。我建议大家放下各自带进会场的关于对这个工作坊的任何期望和故事，以及我们为什么参加工作坊的初衷（毕竟，他们来参加工作坊都是有某种原因的，谁也不是偶然进来的），放下我们的咖啡杯和报纸（那时智能手机还没出现），只需花几分钟让我们自己感受一下那一刻我们的状态，无论有怎样的情绪。这时有几个人哭了起来。

在后来的谈话中，我问他们为什么哭。一位高管说："我从未做过没有日程安排的事情。"其他人也纷纷点头表示赞同。所以就是"让我们坐上一会儿，不设任何议程"这句话对他们来说就是片刻的解脱，帮助他们释放了自己未察觉的长期被压抑的悲伤情绪。

有可能我们每个人都有自己的生活方式，却都渴望一种未被日程充满的时间、无为和寂静，甚至超出了冥想和有为或无为的概念（例如"我现在正在冥想"的想法）。我不是在谈论用手机、报纸或零食分散自己的注意力，或与他人或与自己对话，或做白日梦。我说的是觉知，安于存在，觉知本身，超越思想，了知和不了知已经存在的觉知。正如崇山禅师（Soen Sa Nim）（见《正念地活》第一部分）以他自己独特的方式所说的，体会"无知心"。

第二十一章
对话与讨论

　　学习如何倾听和重视他人的观点，特别是如果你对他们的观点、立场和方法感到厌恶，如果不是过分敏感的话，则是治疗分歧的重要组成部分，这些分歧会恶化并变得有毒，正如在当今的世界上所看到的那样。不然，我们只是生活在自我确认的舒适泡泡中，抱怨我们认为是所有坏事之源的"他者"。

　　在商业世界和佛法世界的某些圈子以及在正念减压的社群中，我们将对话称为每时每刻的非主观性觉知（或者叫正念）这一内在修养在身心之外的外在对应。正如正念练习过程中的对话，我们关注会谈中想法之间的空间和当下空间（见《觉醒：在日常生活中练习正念》第一部分）中出现的任何"声音"，倾听、感觉、触摸、品味、了知全部的每一个生起、它的滞留、它的消逝，以及它在下一刻留下的任何印记或后果的各个层次，不加判断或反应

（或者带有判断和反应的觉知，如果它们确实出现了——当然它们有时会这样做）。通过这种方式，我们在对话中可以沉浸于与他人的谈话。正如我们需要在自己的冥想练习中感到开放和安全一样，我们也需要为会谈的人创造内心足够的开放、安全和空灵，让他们在表达真情实感和肺腑之言时感到安全，而不必担心被别人评判。没有人需要在对话中占据主导地位，事实上，如果一个人或一群人试图控制对话，那么它就不再是对话了。我们观察和聆听想法、意见、思想和感受的生起和发声，并以深入探究和有意向性的精神将它们全部吸收，就像我们在正式的冥想练习中会在觉知中休息一样，允许这一切被视为同等有效，无须通常的剪辑、审查、核实、批评或排斥，即可被看到、听到和知晓。令人惊讶的是，一种似乎存在于群体本身但并不局限于任何人的集体智慧的感觉经常在这种情况下浮现，随之而来的是更深入的洞察力，或对前进方向的共同认识，这也是这种有意的空灵、开放的心胸和深层次的倾听所产生的直接结果。

遗憾的是，当我们在工作中与同事交谈时，或在政治领域，甚至在我们自己的家庭中，情况往往并非如此。在这些场景中，更可能占主导地位的情况是相互竞争的议程、固守的立场和自以为是的话语。常态往往是进行讨论而不是对话，我们在会议上无休止地讨论各种事项，我们有议程，我们计划要发生的事情，我们决定一条道路，然后执行我们的战略和行动计划。但通常情况下，在这种讨论中，人们之间存在不言而喻的隐藏议程和较大的权力差异，甚至参与者都不知道，并且当正交维度不存在或未受到重视时，它们在过程本身内部会产生某种暴力。

因此，将正念带入我们在与他人开会时如何表现的整个维度可能是有价值的，尤其是当利益攸关、必须要完成的任务并且团队需要协调一致地运作时，即使是在有时团队成员的观点、意见和立场都呈现多元化的情况下。无论是通用汽车公司为未来制订战略计划，还是外交审议或和平谈判，如果希望达到理解和一致的新层次，将正念以及人们所说的非暴力沟通的要素带到桌面上就是非常重要的，这会促进学习、成长、治愈、相互理解，并将潜力和可能性转化为现实。

学会倾听并参与和他人的交谈是这种治愈、真正沟通和成长的核心。它是相互关联和相互尊重的体现。在真正的对话中，无论权力差异如何，群体中没有任何人的观点、意见和感受是无效的。如果它们被轻视或根本没有受到关注，它们只会变得有害或降低"过程"产生"进步"的可能性。仅仅被听到、被遇见、被看见、被了知就已经具有疗愈的效果，从这样的会谈中，可以出现真正的正交可能性，就像在沉默和寂静中直面自我一样。

　　基于这些原因，我发现有必要区分"对话"和"讨论"这两个术语，并根据我与特定聚会的关系和意图来注意它们的用法。我不主张从我们的话语中删除"讨论"这个词，而是要记住讨论的目的是什么，以及它们在现实中通常是如何展开的，尤其是在整个群体没有更大程度的觉知和意向性的情况下。讨论（discussion）这个词的定义为：①与他人交谈、讨论；②在演讲或写作中审视或思考（一个主题）。它来自中古英语的 disussen，即检查，又源自盎格鲁－诺曼语的 discusser，还来自拉丁语的 discussus——discutere 的过去分词，意为分手（dis=分开；cussus=震动，打击）。因此，深层意思是分开。印欧语词根 kwet 意为摇动或打击，也是 concussion（震荡）、percussion（敲击）和 succussion（振荡）的词根。这就是该词的主要意思。

　　另一方面，"对话"（dialogue）一词源于希腊语的dialogos，即谈话，来自 dialektos，意为说话。dia 的意思是"之间"，而印欧语词根 leg 或 lektos 的意思是说话。因此，对话具有在两人或多人对话中说话的意思，并且经常像在苏格拉底对话中一样，本着通过公开询问共同进行深入探究的精神。因此，关系空间的质量是出现和开启对话的关键。

　　即使没有其他人怀疑，参加九点钟会议的方式也不错。但是随着时间的推移，团队可以有意向性地采用这种方法来处理他们的共同工作。这样一来，工作就会有更多人分担，而且往往会做成更具创造性和生产力的事业，或者我应该说，冒险？想象一下，如果管理层采取这种方法的话。

第二十二章

正襟危坐

在我所知道的可用动作动词"坐"来描述的为数不多的职业中，法官是其中之一。法官们"坐在"法官席上判案，在大多数法庭内法官席的位置都高于其他人的位置，他们见证了人类对彼此和对自己所做的最糟糕的事情的不断重演。他们应该冷静地、明智地对待证人，同时监督、规范和裁决所有证据和叙述的展开——这些证据和叙述支持和反对一个或多个被告提出的特定指控。法官主导创建并维护一个可容纳不同声音的容器，理想情况下，如果是陪审团审判，则可以让陪审团以审慎、有洞察力的方式吸纳相关事实和论点。只有这样，陪审团才能（在刑事案件中）作为一个或多个被告的同侪或（在民事案件中）作为原告和被告的同侪通过深思熟虑做出决定。换句话说，作为普通人的他们，被随机选取承担陪审团的职责，并在这些（对他们而言）不寻常的生活环境中，携带着存在于我们心中并因此在我们的法律制度中体现的任何智慧和公平的宝库进入法庭。作为权利的参与者，这套法律制度赋予所有公民这样一份权利，即所有公民都有在公正的同侪陪审团面前接受审判的权利。

我曾经受邀为马萨诸塞州地方法院的法官进行为期八周的正念减压训练项目。我很快了解到，压力对法官来说是一个巨大的职业危害。日复一日，周复一周，他们必须要主持庭审和听取各种案件，这些案件令人恐惧，但没完没了的图像证据最终会让人感到沉闷乏味，这些证据表明了人类的贪婪、仇恨、无知和疏忽的不幸后果，或大或小，视情况而定。最重要的是，法官们在法庭上说的每一句话都会被记下并成为公开的记录。他们所说的一切都有可能被媒体捕捉到并断章取义地引用。如果他们出现一秒钟的口误，他们可能会招致来自媒体和公众的口诛笔伐，因此法官们都有一种谨言慎行的倾向。还有一种自然的危险，就是随时都有可能被抓到打盹（因为案件审理可能会显得单调乏味，尤其是在你看到层出不穷的类似案件之后）。

正因如此，法官自然会变得有些谨慎，部分原因是司法约束力的专业标准，也免得他们出洋相。他们还必须在非陪审团案件中提出意见和判决，这可能是另一种压力来源，因为他们不可避免地会让当事一方满意而让另一方感到不满，或者让双方都不满意。有时，他们的决定会产生重大的政治影响，这只会加剧他们的压力，无论他们是被选举出来的还是终身任职的法官。更重要的是，他们显然不能也不想每晚与家人详细分享他们一天经历了什么。但是，除非他们有一些高效的方法看穿这些事情并保持真正的平静和智慧，否则他们那天即使只是上庭听取证据和论点，也很可能会累积起一些负面情绪。

最重要的是，作为一项规则，没人教他们如何坐，即使这是他们职位描述中的动作动词。因此，对于这些地方法院的法官来说，学习如何在正念减压的背景下安坐下来，在因果上似乎是最适合他们职业的，所以我们在八周的课程中一起练习得很愉快。对于他们中的大多数人来说，他们第一次举办了一个论坛，可以在情绪安全和受到保护的环境中与同侪公开谈论自己的感受，论坛设在医院，远离法院和所有司法机构，他们的压力便在正念练习的更大背景下得到缓解，并且在他们独特的情况下创造性地培养出不同的应对方式。

与法官们一起合作了几个月后，我在马萨诸塞州西部一位朋友家参加一个聚会，在那里我遇到了一位年轻的律师汤姆·莱塞（Tom Lesser），结果发现他恰好是一名佛教禅修者。他给我讲了下面的故事。

他是马萨诸塞州一起著名案件的辩护律师之一，该案件于1987年在阿默斯特审理。该案被称为艾米·卡特（Amy Carter）和艾比·霍夫曼（Abbie Hoffman）案。艾米·卡特是美国第39任总统吉米·卡特的女儿，她传奇的共同被告艾比·霍夫曼是1960年代著名的政治活动家和"异皮士"领导人，作为"芝加哥七君子"之一，他是美国历史上最广为人知、最激烈和最具争议的审判案件之一的被告。霍夫曼后来转入地下活动以逃避涉毒指控，并做了整容手术来掩饰自己的真容。多年来，他以环保活动家的身份，在纽约州北部的一个城郊社区以化名过着受人尊敬的甚至公开的生活。事实上，他伪装成温和的公民活动家巴里·弗里德（Barry Freed），被时任美国总统的卡特任命为联邦环境委员会成员，还曾在美国参议院委员会做证，并因其在圣劳伦斯河的环境工作和社区组织的努力而受到时任纽约州州长的嘉奖。

无论如何，1986年11月，不再处于地下活动状态的艾米·卡特和艾比·霍夫曼与其他一些人联手抗议中央情报局（以下简称"中情局"）在马萨诸塞大学阿默斯特主校区招募情报人员。他们中约有一百人因非法侵入和扰乱治安而被捕，十五人最终受到审判，因为他们从一开始就希望因为他们的公民不服从行为而受到审判。此案在媒体上被称为"中央情报局审判"。辩方让专家证人出庭，从美国前司法部长到中情局前特工，并使用一种称为"必要性辩护"或"竞争性损害原则"的策略说服了六人陪审团，即被告违反民法的行为与中情局实施的犯罪行为相比，被告行为微不足道，特别是与中情局在"伊朗门事件"为尼加拉瓜的非法战争提供资金的严重性相比来说。主要证人做证说，中情局的行为违反了国家和国际法，被告别无选择，只能按照他们的方式行事，以制止中情局正在进行的违反美国国会明确意愿的犯罪行动。最终，卡特和霍夫曼以及他们的共同被告被无罪释放。此案在全美引起广泛关注。

作为辩护团队的一员，汤姆就在法庭上，当时法官在最终选定陪审团后，但在任何证据都未提出之前，就将"预指控"交由陪审团处置，这本身就是一件非常不寻常的事情。一般而言，在所有证据都已提交之后，陪审员才会被告知如何看待案件，直到案件结束。因此，想象一下汤姆在听到法官对陪审团讲话时的惊讶（我现在逐字引用法庭正式记录，尽管是汤姆用他自己的话告诉我的）："你了解案例的各要素非常重要。同样重要的是，你要注意我前段时间了解到的正念（原话如此）冥想的术语。正念冥想是一个你时时刻刻保持注意力的过程，保持开放的心态也很重要，在所有证据都已提交供你考虑之前，请不要对此案做出任何决定。"

作为一名长期的正念练习者，汤姆说当他听到这些话时，他差点儿从椅子上摔了下来。法官在给陪审团进行正念指导！

这起案件审判结束一段时间后，汤姆去办公室拜访法官，想了解他从哪里学到了关于正念和冥想的知识。在汤姆的回忆中，法官理查德·康农（Richard Connon）说了一些大意如下的话："嗯，我刚在马萨诸塞大学医学院参加了为法官举办的减压培训。在课程中，乔恩·卡巴金谈到了时时刻刻观察事物的重要性。嗯，这对我来说只是一个令人惊叹的概念。我曾想过每时每刻地观察事物，但观察事件的瞬息万变有一些根本不同的东西——注意力可以是不间断和持续的想法对我来说真是太神奇了。现在，这也正是你希望陪审团做的事情，因此，告诉陪审团如何以这种方式集中注意力以帮助他们不带评判性地倾听似乎是个好主意。"

康农法官在此案的结案陈词之前再次提到了正念指导。这里我再次逐字引用审判记录："我现在请你特别注意结案陈词，同时也要非常注意我的指示。你会记得我当时使用的术语，今天我将再次使用，指的是正念冥想，好吗？我不想让你去睡觉，虽然我认为在那些椅子上不太可能，但我希望你时时刻刻保持注意力，这很重要。这很重要是因为我们的司法标准是这样的，你今天将行使我们根据宪法（包括联邦宪法、美国宪法和马萨诸塞州联邦宪法）所拥有的权利，这是非常重要的，因为你代表了这个国家的每一位公民。"

也许陪审团应该在每次审判前定期接受正念指导。这里有一些通用词，任何法官都可以用来简要而全面地涵盖这些基础，但不需要使用"冥想"一词："我希望你全神贯注地聆听法庭上将要呈现的内容。你可能会发现，保持能体现尊严和存在的坐姿，并在聆听证据时保持呼吸进出身体的感觉会有所帮助。请注意，在提出所有证据和最终论点之前，你的头脑倾向于得出结论。尽你所能，不断地尝试暂停判断，而只是用你的全部精力来见证法庭上每时每刻呈现的一切。如果你发现你的思绪经常走神，你总是可以把它带回到你的呼吸和你听到的东西上，如果有必要，可以反复操作。当证据陈述完毕后，轮到你作为陪审员一起商议并做出决定。但不是在此之前。"

第二十三章

你疯了

20世纪70年代初的一个周三晚上，我在剑桥禅宗中心作讲座。然后由一直坐在我旁边的崇山禅师回答听众的问题。这是他培养学生成为教师的方式。

第一个问题来自观众席中间的一个年轻人，坐在教室的右侧，他在问这个问题时（我完全忘记了问题的内容）表现出一定程度的混乱，引起了观众的关注和好奇心。其他听讲的人尽可能谨慎地伸长脖子看谁在说话。

崇山禅师盯着这个年轻人看了许久，从他的眼镜框上往外看，并凝视着年轻人。教室里一片死寂。他一边按摩着剃光的头顶，一边继续注视着年轻人。然后，他的手仍然揉着脑袋，仍然从眼镜框上看过去，他的身体则从坐在地板上的位置上微微前倾，朝着演讲者的方向，像往常一样直截了当地说了一句："你疯了！"

坐在他旁边的我和教室内的其他人一样倒吸了一口凉

气。一瞬间，紧张的气氛上升了几个数量级。我真想俯身在他耳边低声说："我想提醒您，大禅师，当有人真的疯了的时候，在公共场合这样直言不讳真不是一个好主意。看在上帝的分上，对这个可怜的家伙口下留情。"我当时窘迫极了。

所有这一切都只在我的脑海中闪现，可能在那一瞬间坐在教室里的其他人也是这么想的。空气中弥漫着他刚刚所说的话的回响。

但他还没有说完。

在看似永恒但实际上只有几秒钟的沉默之后，禅师终于把话说完："……但是（又一次长时间的停顿）……你还不够疯。"

所有人都松了口气，教室里顿时升起了一股轻松的气氛。

在那个特定的时刻，这个年轻人从像禅师这样代表师承和威望的人那里收到这样的信息应该是有益的。在当时的情况下，它实际上让人感觉既富有同情心又富有技巧。我不知道这对提问者是否有用——我希望是有用的，也不记得禅师是否跟进了这个年轻人的后续情况，但有一点很清楚——他从不放弃任何人。

我倾向于认为崇山禅师是在说我们需要敢于保持理智，毫不掩饰地接受我们的疯狂并以同情心对待它、面对它、命名它，并且在这样做的过程中，比它更强大，不再被它所控制。因此，与我们的完整性密切联系，不仅理智，而且比理智更理智。尤其是在如今的世界舞台上，被误认为是理智的往往是疯狂本身——而这时真相往往是第一个牺牲品。

第二十四章

相　　变

　　如果我们的真实本性确实是完整的，那为什么大多数时候我们总是感到支离破碎？如何去理解这点呢？

　　在这里我打个类比，可能会有助于理解。从物理和化学的角度出发，我们知道水在不同的温度和气压下会以多种不同的形式表现出来。处于海平面时，它在室温下是液体，当加热到100摄氏度（212华氏度）时，它会变成气体蒸发，如果冷却到0摄氏度（32华氏度）以下，它就会冻结成固体。但无论它以何种形式存在，它仍然是水。

　　这种固体、液体和气体之间的转变称为相变，因为水从一种形式或相转变成为另一种形式或相。水分子，即 H_2O 分子，处于不同的相时，彼此之间的关系也很不同……这就是为什么冰是硬的，为什么水龙头里的水是可以流动的，还可以呈现为它所在容器的形状，以及为什么蒸汽或水蒸气能够弥散在其所在之处。然而，无论是固体、液体还是气体形式的，水永远都只是 H_2O，只是在不同的环境（温度和气压——记住，在珠穆朗玛峰，水的沸腾温度远低于 100 摄氏度，那是因为气压非常低；这就是为什么在高海拔地区很难烹熟食物——沸水没有海平面区域的沸水那么热）会呈现出不同的形式。

可以说，H_2O 是水最基本或真正的本质（它的原始本质）。根据条件变化，它可以以固体、液体或气体的形式存在，而每一种形式都有非常不同的特性。换句话说，它的外观和"感觉"会不同，也会展现不同的作用。

心灵和身体也是如此。随着条件的改变，心灵和身体也会经历类似的相变。不断变化的环境可能会产生某种压力，也可能会缓解某种压力，变化的环境可以导致情感上、认知上、身体上、社交上，甚至精神上的激化或缓和，我们把这些需要我们以这样或那样的方式适应的各种变化条件称为"压力源"（stressors），我们把对这些变化的体验称为"压力"，特别是当我们无法适应它们的时候。

当我们处于压力环境时，无论这种压力环境是外在的还是内在的，我们的身心都会随着影响的产生而立即做出改变。例如，我们可能会因为恐惧而瘫痪或"僵住"。我们都有过这样或那样的经历，头脑也可能被冻结，比如，固守一种特定的想法或观点，或深陷于怨恨和受伤的情绪之中，它会很快变得僵硬、不屈服、冷漠，这种冻结表现在人类根深蒂固的思维、情感和行为模式中，或者它会因为激动、困惑、焦虑而被激化，就像蒸汽一样，我们甚至会说要泄一下气（发泄一下）。毫无疑问，我们都经历过这两种极端，头脑感觉介于两者之间，更像是半融化状态的雪泥，不完全是冰，也不完全是水，只是单纯的凌乱和模糊。

当条件发生变化的时候，如果我们没有压力，就不会觉得某些事情会激化我们的情绪，使其升温达到沸点，或将我们冻结到收缩或僵硬的地步。身心像气体，很飘逸，无限扩张，能在容器内充分蔓延；有时又像液体，自由流动，能绕开道路上的巨石和其他障碍物畅通而过。

有时，这些相变是自发的，由我们生命外部环境的变化因素、条件和结果导致，可能是工作、家庭、更大的社会环境，也可能是经济或政治动荡等。但大多数时候，它们源于我们自身内部环境——自我产生的兴奋和反应，也源于我们未经审视的思维习惯，不幸的是，我们常常因为这些习惯而固化形成一种特定的、长期存在的思维模式、感觉模式和审视（忽视）模式，使我们变得固执而僵化。在这种情况下，无论是受到外部条件还是内部事件的触发，我们常常无法记住和识别自我的本性，以及如何不限于僵化状态或者其他状态，潜在的 H_2O 特质允许我们以多种不同的身心状态存在着，因此才能以更大的智慧和效率来应对我们随时可能面临的各种外部挑战和身心波动，而事实上，我们在某种程度上每时每刻都在面对这些挑战。

正念能帮助我们从僵化的状态中解冻，进入更自由的飘逸状态，并认识到即使是飘逸也不是我们的本性，而只是思维的一种表现形式。

可以说，我们的本性是我们拥有的了知能力，这种天生的觉知可以掌控所有状态和相变，并且知道它们是我们潜在整体性的表现形式，超越了任何形式和相，包括冰、液体或蒸汽，或者如同禅宗老师约科·贝克（Joko Beck）所说的，是旋涡（参见《正念地活》的"空性"一章）。虽然我们很容易将不安、绝望或功能失调归咎于外部条件或我们的内心状态，但最终并不是压力源把事情扔向这个或那个方向。相反，是我们对它们的依恋和想要抓住它们的冲动，把我们锁在里面，首先是因为我们没有意识到发生事件的真实本质，正如我们所看到的，它们在本质上是空的。其次，我们不断抵抗、挣扎、收缩、责备、憎恨，并试图强迫不讨喜的现实朝着我们认为更令人满意、更愉快或更具安全感的方向转变——而不是首先认识到事情发生的深层结构，再看到我们在明智处理个中关系时的所有选择。

如果觉知本身就是我们的真实本性，那么恒久的觉知就能使我们得到解脱，不论情况会有多糟糕或看起来有多糟糕，都不会受限于任何身体或心灵、思维或情感的状态。但是，比如当我们被锁定在冰冻状态时，我们甚至很难相信液态水的存在，也不会记得我们的真实本性是超越了它可能存在的任何形式的。只要有某一刻我们能够回想起这块冰的实质是水，它包含了固体、液体和气体三种存在形式的，那么我们将从一生习惯了蜷缩与禁锢的思维行为状态当中解放出来，因为我们将不再把此时此刻所处的逆境或不佳的状态等同于对自我的认定，甚至把它认为是生命中最重要的东西。

12世纪时，韩国知讷（Chinul）禅师曾这样说：

> 我们知道一个冻结的池塘里全部都是水，但太阳的光热才是融化它的必要条件；虽然一个普通人觉悟了就是佛陀，但佛法的力量必须渗透到我们的修炼中才能得以彰显。所以，当池塘里的冰融化后，水才可以自由流动，才能用于灌溉和清洁。

> 我认为在一个相互交织的宇宙中，那种融化了的、可以自由流动的、飘逸而广阔的觉知就很像爱——太阳的光热融化了思想和心灵的水，只要我们记住什么才是最本质的东西，那它随时都在我们身边。

神经科学家喜欢把大脑或神经系统可能处于或陷入的各种"状态"（state）说成是活动模式，这些活动模式具有自相似性的动态识别特征。因此，"状态"这个词很容易和正念联系在一起，好像有一种特定的正念"状态"——事实上并没有这种状态。如果我们非要把"状态"这个词和正念联系起来，在我看来，这似乎意味着正念是一种包含了所有可能状态的状态（或集合）。但是，这就是纯粹的觉知，或者换句话说，就是 H_2O。所以就像是你坚持冥想练习，其关键是从一开始就要提醒自己，你不是试图实现或达到某种特定的状态、感觉或洞察力；而且，当你发现自己其实想要到达他处或者感觉自己更希望得到的不是当前已有的东西时，就更能觉察到这一点。你所坚持的是培养自己的觉知，并非肤浅地拥抱和意识到自己所处的相，隐喻地说，无论是心灵还是身体，也无论它们处在相当于冰、水或蒸汽的某种状态时，请记住，任何情况下，你都已经是 H_2O 了。

第二十五章
自产自留

　　崇山禅师是知讷禅师的衣钵弟子，比知讷禅师晚了八个世纪，他的口头禅是"你制造问题，你就有问题"，意思很简单，而且与实际情况息息相关，它意味着根本就没有什么问题，"问题"这个概念仅是一个概念，是外在对状况的解释，是大脑思维把状况变成了问题。

　　数学或物理作业有问题是可以的，但在实际生活中根本没有问题，只有状况——人们需要一个答复，而且希望这个答复能满足每个情况和每个挑战。此时，通常会涉及一些精确的评估，甚至直觉性的或经过深思熟虑的概率计算。状况（situation）指的是直接呈现事物或事情本来面目的情况，但我们常常把状况转变成问题，然后让整个心理取向变成有问题，这一取向会使我们看待问题的方式变得狭隘，尤其是当我们最需要保持开放和创新眼界，不使自己陷入"有问题"或更糟的"大问题"这一沉重旋涡时，这也就构成了一个"有问题的"、更为具体化的"我"或"我们"。

一天，我女儿打算烤她美味的杏仁粉香蕉面包时，烤箱突然冒出了一股巨大的火焰，之后烤箱就坏了，再也无法运作。我检查了炉子顶部的燃烧器，发现当我转动旋钮时，它们没有点亮，点火器也没有像往常一样发出咔嗒声，烤箱也是一样。因为不久前我们的炉子出现了"问题"，需要修理工来修理，所以我说："我们得给修理工打电话，真糟糕！香蕉面包可能要等一等了。"

然后，我的妻子麦拉说："检查一下断路器怎么样？"就在她这么说的那一刻，我突然意识到这正是问题的根源，我怎么就没想到呢？我才是应该想到这一点、知道这一点的人啊！而后，我下楼查看。果然，炉子的断路器被触发了。我重置了一下，看哪！烤箱又开始工作了。

在那一瞬间，我的大脑把事情的根源归结为火炉本身的问题，压根没有考虑到麦拉脑海里想到的可能的情况。我没有对当下的状况保持开放，把它变成了我们以前遇到的问题，而不是我们现在遇到的状况。至少在那一刻，这种仓促的误判妨碍了我进行更清晰的思考。

因此，我们每时每刻都面临着挑战：我们是否能够做到在面对每一种状况时都能恰如其分地对待事物，无论我们面对的状况是令人愉快的、不悦的，还是没有明显感觉的？是熟悉的还是陌生的，已知的还是未知的？即使我们思考的大脑试图或者习惯性地将出现的状况自动转化为"问题"，甚至会错误推断我们遇到的状况，就像我一样，和小小的"我"深陷自己的行为模式，把遇到的状况变成一种困境或者一出闹剧——故事讲述了我和我的问题，以及问题的发展和解决。

之后，"你制造问题，你就有问题"被高度概括为"自产自留"，从而可以延伸运用到包含了各种大脑思维方面大大小小的"建设项目"中。这是崇山禅师给我的教导之一：思维本身就是一种虚构（fabrication，源自拉丁语 fabricari，意为制造某物），是放置在我们和直接体验之间的一个屏障。禅师建议我们，每次我们对它产生觉知时，可能是有益于我们自身的，这样我们就不会在不知不觉中深陷于此，失去与直接感知和直接了知的联系。清晰的、分析性的思维是非常有用且强大的，然而，我们的思维往往并不是很清晰，它会完全模糊直接体验和其他不以思维为媒介的认知方式的边界。

几十年后，我惊奇地发现，中国西藏人一脉相承地把"非虚构"当成他们称之为原始纯粹心灵的或"伟大的自然完美的"（即大圆满，英文为 Dzogchen）基本属性。我们会发现，正如同崇山禅师所言，古往今来所有的冥想都提及的那些没有受过训练的思维，总是在制造观点和意见，产生见解和问题，我们观照自我的思维，也验证了这一观点。这种"遐想"（idling）有时在冥想文本中被称为"扩散"（proliferation），因为无论是思想，还是幻想，或是白日梦，它们都带着情感的涟漪，无休止地扩散。如果某个人，他无法做到不批判地观照自己的思维，这种扩散以及持续不断的虚构，实际上意味着他是无视其存在的，甚至察觉不到它的发生。这正是威廉·詹姆斯（William James）在其关于教育的一个叙述中哀叹的，他说，教育将帮助我们识别并恢复走神的注意力，也可以说，把不断走神的思维一遍又一遍地带回来。（参见《正念地活》第二部分。）

浅尝过正念练习的人，思维仍然会发生扩散和虚构活动，因为这些都是思维的本性。但是随着训练不断持续，思维的稳定性得到巩固，平和心和洞察力得到一定发展，这种扩散活动就会被识别出来并区别对待。思维会以一种更加难以觉察的方式发生扩散和虚构活动，它们依附和被理解的形式也变得让人越发难以捉摸，这并不罕见，扩散和虚构活动粗放的表现形式可能不会消失，但如果没有持续的滋养和反馈，它们的振荡幅度往往会衰减，有时变得非常微弱，最后干脆消失。

这是怎么发生的？当我们在培养正念时，或正念更加稳定和纯粹时，正是正念本身让我们察觉到虚构活动的存在。我们的觉知选择不去满足它，因为我们本能地、无意识地陷入对它的依附习惯中，以至于无休无止地想象出更多与之相关的故事。当我们以正念的方式对待它时，思维的虚构活动在思想和感受、想法和意见的外表下，会被迅速识别出来并认清其本质，那是非实体的、转瞬即逝的生成物，只是单纯出现在觉知领域、之后又不可避免地消失的事件，像天空中的云朵或水中写的字——这两幅意象都如此精准而生动地呈现出思维的跃动和那转瞬即逝的内容。

我们无论是安坐于冥想坐垫或瑜伽垫之上，抑或是身处他处，假如可以将非虚构这一态度带入到冥想练习之中，那么心灵的飘逸、了知和慈心就会离我们更近。该如何去做呢？首先，我们要有抛弃一切想法和念头的意愿，即使是你正在冥想的想法或者你觉察到虚构活动的想法，也不要有……因为这些想法也都是虚构活动，甚至可能是一种更巧妙的虚构活动。我们习惯于无休止地叙述自己的经历，并通过这些叙述来过滤我们的体验感。

因此，我们首先释放自我，放松自己，以温柔而坚定的意愿进入"当下之境"（nowscape），不分心，完全专注，不"制造"任何东西。其次，同样重要的是，即便我们不愿意，大脑无论如何都会产生虚构活动，那我们就观照虚构活动本身，并探究观照力和了知力到底是什么。了知力与虚构活动之间的关联之所以变得如此紧密，与其说是通过思维，不如说是通过感受。我们意识到思维能够扩散，产生无穷无尽的意识形态，但我们又那么轻易陷入其中，那么轻易情绪化地深陷其中。我们意识到自己是多么容易对这些活动产生依恋，产生积极的或消极的、愉快的或不悦的看法。当这一切发生时，我们明白了，所有的一切都不过是虚构出来的：这些想法和意见，大多是高度受限的，具有重复性和局限性，甚至是错误的，因此，我们不断观照自我思维的构建和消逝。我们停留在觉知本身，超越了所有的想法，甚至包括观照和了知的想法，我们暂时停留在这份觉知中，而这"暂时"本身也超越了时间。

随着时间推移，这些超越了时间的时刻从无穷无尽的思维扩散和虚构活动的背景中浮现出来，被我们看到和了知，由于为我们熟知，因此更可见、更易得。不管发生了什么，我们会被自然地吸引，安住于不受打扰的平静（平和）和明晰中。即使当我们陷入困境，或者说，特别是当我们身处困境时，至少能够短暂地脱离原本的思维模式。而后，思维就变得清晰、明朗、平静。

如果我们真的在某个特定的时刻陷入了虚构之中，我们甚至可能会想去检查一下断路器——地下室里的断路器，尤其是脑海里的"断路器"。

第二十六章
理想化的练习只是另类虚构

当然，我在上一章中描述的也只是一种观点，因此，在某种程度上，它会将自己带入一种理想化的状态。我们不经意中就会把自己的练习或正念练习的概念理想化，陷入取得某种成就或达到某种思维状态的种种概念。因而随后很多年都深陷于这样的概念和理性化的练习中，却没发现这些想法和理想本身就是一种虚构，一种更大规模的虚构。

当我们一次又一次地陷入困境，其实也是一种练习，只要我们愿意正视困境，通过一遍又一遍地释怀和持续地善待自己，那么一次又一次地陷入困境将成为我们自我成长的练习。有一件事几乎是肯定的，无论我们做什么或想什么，都会在短期内重复地陷入困境，因为那是未经审视和开发的心灵的本来面目。

　　我们会一遍又一遍地制造问题和其他的一切，这些都是大脑和正在编辑的"我"的故事所能想到或做出的反应。一旦我们开始冥想，那对冥想的投入就会和对生活中其他事情的投入一样多，这是很自然的，并不一定是个问题！就像思维中所有的虚构和扩散活动，它只是练习的一部分。这是一个巨大而持久的挑战，即使我们陷入困境，也要保持正念，或者当我们失去理智，屈服于无数缺乏安全感的、恐惧诱导的、根深蒂固的、盲目的习惯之后，仍然可以尽快恢复正念。

　　这不是一种理想主义，而是一项艰苦的工作，它需要坚持的意志，没有其他时间比现在更重要，无论发生什么，也无论你感觉到怎样的冲突或混乱。根本没有其他更好的机会保持觉醒，也没有其他更好的时刻保持觉醒。正如歌中所唱的，这就是"勿失良机"。选择当下，我们就向此时此刻敞开自我，并安住于觉知本身，现在我们可以自然而然地处于"当下之境"，超越存在和了知的维度，以最简单、最纯粹的方式，展现我们的整体性和智慧，而不用通过思维或虚构，因为整体性和智慧是我们已有的内在表现——人类 H_2O，即我们的本性——但遗憾的是，由于我们受限于自身潜力，总是会忘记这一点。

*

至道无难，惟嫌拣择。

但莫憎爱，洞然明白。

……

欲取一乘，勿恶六尘。

六尘不恶，还同正觉。

……

——禅宗三祖僧璨，《信心铭》，约公元 600 年

第二十七章

你想干吗

　　我生长于纽约——确切地说是华盛顿高地——这些词其实不是很友好，但人们还是常常会听到。有人会对他人进行侮辱性评论，被侮辱的人会说："你想干吗？"（其实这句话听起来更像是"你想找碴吗？"）如果最初的那个侮辱者说："没错，我就是想做点什么。"然后他们就会开始互相推搡，事件也许就此升级。

　　你想干吗？这是一个有趣的挑战，尤其是对20世纪50年代的街头流浪儿来说。

　　我们一直在讨论思维及其虚构活动方面的话题，那么作为青少年的男孩，当时我们为什么会说这样的话，现在想来非常有趣。在当时的街头行话中，"想干吗"意味着想要进一步纠缠，把问题升级，你是在为自己撑腰，并迫使侮辱人的一方放弃或收回他所说的话，但如果你作为被侮辱的一方，在说这句话时就是想要进一步行动，这也意味着挑战真正开始，蠢蠢欲动，你已经进了对方的套并将挑战当作对自己的人身攻击。虽然听起来疯狂，这句话也只是出于青春期青少年的无聊之谈，但回应对方的挑衅变得非常重要，必须要捍卫自己的"声誉"。

一般还会针对对方的家庭成员，通常是他的母亲，一种带有侮蔑性意味的侮辱。这两种方式都有可能发生，每一方都可能说这句话。一段时间后，最初挑起事端的原因是什么，谁挑起的都不重要了，就只是："你想干吗？""你想干吗我就想干吗！"

但是有一种双方都能接受的社交手段，可以让这种对峙消失。如果你选择了这种方式，不管你是侮辱者还是被侮辱者，都不会丢面子。假如你对待挑衅表现得很冷静、放松、平静并充满幽默感，换句话说，沉着冷静、坦然明了地接受挑衅，不把它视为人身攻击，尤其是自己作为接受者的时候，你可以毫不在乎（因为它完全是愚蠢、虚假和荒谬的，甚至这整个交流都是），那么一切就都没有问题了。

但如果任何一方较真了，觉得自己受辱了，尽管都知道这是玩笑，特别是当你作为接受者时，会生气，会想要通过提及母亲或姐姐去伤害另一个人，而这正是对方想达到的目的，激怒你，让你丧失冷静。简直是太荒唐了，但对于 20 世纪 50 年代末闲逛于街头的那些青年来说，厌倦了棒球游戏或纽约市特有的其他街头运动，还能有什么可做的呢？（人们告诉我，尽管现在这种前卫的能量通过嘻哈和说唱来表达，这种滑稽的动作和仪式也一直延续到今天，但它们比我们曾经想到的任何东西都更具创造性、诗意、微妙和社会意识。）

但是等一下！当谈到这点的时候，有什么事情是我们不去制造的呢？我们几乎能从任何东西中制造出事情，这样我们就会被控制！我们那时青少年的街头仪式就是玩弄依恋和不依恋，如果你被那些设计成诱人饵料、试图控制你的文字和思想蒙蔽，你就必须想着战斗来保卫自己的"荣誉"，但如果你不把这些文字和思想放在心上，不咬饵，不在意，那就没有问题。你所谓的荣誉或自尊从一开始就没有处于任何危险之中。

因此，这个常常让彼此不断受辱的行为，实际上揭示了崇山禅师强调的"自产自留"这一教义核心，也是对这一教义本质而直观的理解。这种交流行为是纯粹的禅宗，崇山禅师称之为"法战"（Dharma combat）⊖。

⊖　类似于苏格拉底式对话，只不过它的目标不是用逻辑和合理的推理来说服他人，而是展示一种缺乏依恋和过度理智倾向的对话。它包括许多看似荒谬的答案、偶尔的大喊大叫和打耳光。这听起来毫无意义，但其目的是打破既定的认知模式，引发顿悟，而不是建立一个理性的论点。——译者注

　　我发现这一切都非常有趣、值得思考，尤其是没有人把它作为一种探究或自我理解的模式教给我们。那是在华盛顿高地土生土长的，它可能并没有带我们走得很远，但它已经超越了我们的意识理解范围，可以说，以它自己的方式做出明智之举。

　　你制造麻烦，你就拥有麻烦；你侮辱别人，你就得到侮辱；你做出一个解释，你就得到一个解释；你感到恐惧，你就拥有恐惧；你产生愤怒，你就得到愤怒。我们有无数的机会陷在自己虚构的想象中，我们抓住某个事件，把它变成某种比原本要多得多的东西，这正是大量悲伤和狂躁的根源。如果我们从自我感知出发制造一些看法，一些大的故事，比如："他们"不爱我，"他们"不尊重我，"事情不应该是这样的"，"我的身体不健康"，"我的人生是失败的"，"我是世界之王"，或者是一个现代将军或电影明星的模范，或者不管是什么，只要看不到事件的虚空和盈满这两面，无法将接纳和平静的态度留在我们心中，就不能保持飘逸、坦率而无选择的觉知，我们可能是正确的，也可能是错的，我们可能得到回报，也可能今生永远都无法得到，但我们永远不会知道平静，也将永远看不到故事之外广阔的人生图景——那些大大小小的故事都是自己讲述的，却常常会忘记那都是自己虚构制造出来的。

　　我们的"自我"总是会干扰和遮蔽我们的眼睛、耳朵、鼻子、舌头、皮肤、心灵和思想，以及我们的每时每刻。

当看到我们自己虚构出来的杂念不断出现，也许大多数时候我们都能做到不跟随不着相，任其自然起落。而当我们总是被它们控制时，也许我们就能更快地识别这些杂念。无论是哪种情况，这对于我们都是一个富有价值的挑战和练习。

所以，现在我来问你："你想干吗？"

要当心呀！

第二十八章

谁赢了超级碗

2002 年的"超级碗"（Super Bowl）周末，我开始了为期两周的冥想静修。这是新英格兰爱国者队（New England Patriots）第三次进入冠军赛，但他们从来没有赢过。让新英格兰队的球迷觉得戏剧性的是由于波士顿红袜队（Boston Red Sox）在世界职业橄榄球大赛中战绩惨淡，在 1919 年将贝比·鲁斯（Babe Ruth）换给了纽约扬基队（New York Yankees），而后自 1918 年以来就再也没有赢过。^㊀

而更具戏剧性的是，新英格兰队的主力四分卫德鲁·布莱索（Drew Bledsoe）在本赛季的第二场比赛中受

㊀ 当然，他们之后在特里·弗兰克纳（Terry Francona）的带领下打赢了美国职业棒球大联盟在 2004 年和 2007 年举行的总冠军赛，接着又在约翰·法雷尔（John Farrell）的带领下打赢了 2013 年的年度大赛。其中，2004 年的那次胜利打破了折磨波士顿球迷将近一个世纪的"魔咒"。

伤严重，由当时寂寂无闻的第二年替补四分卫汤姆·布雷迪（Tom Brady）替代。布雷迪最终带领球队进入了季后赛，然后在决定分区冠军和是否能进入超级碗的比赛中受伤。布莱索自从几个月前受伤后就没有参加过比赛，但他以优雅的姿态参与了接下来的比赛，轻松战胜了备受青睐的匹兹堡钢人队（Pittsburgh Steelers）。

　　球迷们在这两人身上押宝，他们不断地受到当地媒体的追捧，称赞他们对自己的困境以及其中的多重讽刺表现得那么善良、无私和亲切。新英格兰要去超级碗了，我们知道！但问题是，最后谁来担任四分卫？不管是谁，这支球队有可能打赢炙手可热的圣路易斯公羊队（St. Louis Rams）吗？

　　我在周五晚上静修开始、脱离这一新闻和狂热媒体时的情况就是这样。除了可能发生的紧急情况，我们将保持沉默，与外界隔绝，时间从 14 天到 2 个月不等，主要取决于我们报名参加的时间。在周日晚上的一次讨论中，一位老师举例时提到我们参加静修所放弃的事情中就有超级碗。他只是善意地取笑了我们一下，但他的确说如果我们真的想知道的话，他愿意在单独访谈时告诉我们比赛的结果，我在心里记着要问他。

　　但我与他的第一次访谈安排在第二天早上，我把精力集中在了占据静修大部分时间的静坐和行走练习的丰富体验之上，当我有机会问他超级碗赛事结果时也完全没想起这件事来。尽管在波士顿，我会像其他众人一样，不管是不是爱国者队的铁杆球迷，都不可避免地卷入了所有围绕此赛事的喧嚣之中。当后来回想起这件事时，我感到很惊讶，曾经那么热衷的东西竟然这么快就被抛诸脑后了。我突然想到下次见到他时要问问他，但经过考虑后，决定还是不这么做了。我的看法是这样的：

这对我当下有什么影响呢？比赛结束了，该赢的已经赢了，我很快就会知道，可为什么此时我需要或者想知道谁赢了呢？如果新英格兰队赢了，我的脑子里就会充满关于它的各种想法；如果新英格兰队输了，我的脑子里又会充满关于它的各种其他想法。不管怎样，我对于他们赢了的喜悦，或者他们输了的痛苦，都只是间接的、短暂的、无关紧要的。当你真正了解了这件事，知道结果与我或我的生活其实毫无瓜葛，即使住在新英格兰，即使看了比赛，知道布莱索领导球队取得了胜利，即使知道我的孩子们会观看比赛、沉迷赛事，并会因爱国者队的胜利而喜悦。我意识到，想知道本身就是对某种虚构的依恋，是一种填满了我的思想并使我深陷其中的方式，是一种认同某一事件结果的方式，而这一事件最多只是我生命中偶然发生的事件，与我此次的静修活动毫无关联。静修活动才是我选择到这里的唯一原因，才是我安排时间、牺牲很多事情到这里来的唯一原因，而超级碗只是牺牲的众多事情中最不重要的那件。静修就是在某处，在一个大家一致同意、精心安排、高度简化、与世隔绝的环境中，尽可能在当下时刻保持觉醒，这种环境很难安排，但结构清楚，必须是一个可以体验没有外部信息的奢侈空间，那些和我们生活没有直接关系的外部信息不会打扰我们持续的体验活动。如果我们经常没有意识到，或者有时甚至会对这种信息上瘾，是因为那些信息总是不停地、无休止地出现在我们脑海。

　　顺便说一句，我叙述这一切，也以某种方式表明，我的大脑曾完全被超级碗赛事占据，不管我是否知道输赢。事实上，这一切都是在一瞬间发生的，有些是思考，有些是纯粹的观察，它在短短几分钟内出现、停留、溶解、消失。回想起来，我现在重新叙述此事需要用大量的语言和思想来表达。

　　然后，我以一个更大的视角去看待超级碗。从所有令人兴奋的观赏性体育运动及其偶尔表现出来的真正的运动技能和技巧，以及整个城市因球队胜利而获得的美妙感觉中，我看到了这些精心策划事件背后的巨人……联赛和球队花费以百万计的资金，花费在广告宣传上的数百万美金，媒体簇拥，整个赛季大肆宣传，将"超级碗"捧成奢侈与豪华的赛事，并在赛后继续炒作，炒作冠军队关键球员的薪资奖金，然后坐等下一年，周而复始。有些球迷则因为他们喜爱的球队赢了而欢欣鼓舞，有些球迷则因为他们喜爱的球队输了而沮丧，但每年的大赢家都是企业，亦是媒体的盛宴，它永远不会输，因为游戏就是这样设置的，像赌场里的规矩。

所以，就在那一年——2002 年，是几十年来我对职业橄榄球产生兴趣的唯一一年。我只有在小时候玩过橄榄球，在小红灯塔（Little Red Lighthouse）附近的草地上，在影影绰绰的乔治·华盛顿大桥下，我喜欢橄榄球，喜欢观看早年的超级碗。但由于静修，我发现自己与这些比赛渐行渐远，将自己安住于一种永远处于当下的富足中，如同此刻的呼吸一样近，如同每一次的呼吸一样近，不管我是否在静修。

旁白：一年半之前，在 2000 年总统大选期间，我参加了一个为期一周的静修活动。选举日之后的早上，布告栏被盖上了一张空白的纸，挡住了竞选结果，静修者们可以选择去看或者不看，这样那些真正想知道结果的人才能看到谁当选了总统，而其他人可以在静修结束时获知结果。这次静修一直持续到 12 月中旬，日复一日，在这张纸下面，都传达着一个相同而不可思议的信息："我们还不知道。"想象一下，这些冥想者是多么困惑，他们想知道结果，但只知道没有人知道，又不知道为什么！这是一个事实战胜虚构的完美例子，尽管在 20 年后的今天，使用这个动词意味着完全不同程度的焦虑。

我终于知道了当年谁赢得了超级碗，这是新英格兰爱国者队神话般的胜利。在比赛的最后 81 秒，布雷迪在前场带领球队，将比分追成了 17-17 平（爱国者队一度以 17-3 领先），进入射门位置，爱国者队的罚球手亚当·维纳蒂耶里（Adam Vinatieri）在最后几秒将比分改写为 20-17 领先。赛后不久，布莱索被换去布法罗队（Buffalo），不再是爱国者队的了，这又是一个工作中无常法则的例子。真希望布莱索对爱国者队没有感情，当然，他肯定还是有的，只是他对此做了些调整，也许他的波士顿球迷们最终也调整了对他的依恋，其他还能有什么可做的呢？

在静修过程中，我无法观看比赛，尽管我的注意力已经转向另一个方向，但在事后审视自己是否想知道结果时，我觉察到自己有时确实是想知道的，这体现了一系列有趣的挑战和见解，让我觉得无论是谁赢得了超级碗，我们在静修中玩的游戏，还有我们生命本身呈现的游戏，都凌驾于所有的碗之上，包括超级碗。

一个月后，读着孩子们为我攒下的报纸，我对新英格兰队的好运感到欢欣鼓舞，同时也感到整个故事是多么空洞和做作。对一些人来说，这在开始时是一个引人注目的事件，而那一刻之后，就变成了另一个载入史册的体育故事，一个冠军 T 恤的来源，以及一些"死忠粉"的回忆。它来了又走，出现，又消失。的确，它缺乏历久弥新的现实本质。它其实也很有趣，但也就这么简单，不多不少。

后记：两年后的 2004 年，汤姆·布雷迪带领的爱国者队再次赢得了超级碗——当时对阵的是卡罗莱纳黑豹队（Carolina Panthers），他们再次在最后几秒凭借维纳蒂耶里的进球赢得了冠军。这一次，我在杜克医学院引导临床部门的负责人做正念静修，静修活动正式开始于比赛当天晚上。因为比赛在北卡罗来纳州进行，我们"不得不"观看，所以我建议将观看比赛作为静修活动的一部分，也作为一种正念练习的形式，也就是说我们尽量正念地观看比赛，觉知这一事件对我们的影响，以及我们附加到这一事件的东西，尤其是附加到比赛结果的一些东西。不幸的是，我的头脑一开始也没有很冷静，应该建议关闭声音，这样我们就能更好地沉浸于比赛本身，并听到我们自己内心的评价。真希望我当时这么做了。

*

在某种意义上，你可以说正念是那里唯一的游戏，是我们普通人想玩就玩的游戏，不管我们看不看超级碗，不管我们是不是体育爱好者，不管我们是不是运动员。有了正念，玩就是胜利——因为你现在还活着……还有……你了知这件事。

*

第二个后记：15年后的2017年，40岁的汤姆·布雷迪仍然在打比赛，而且他已经赢得了四次超级碗，他被认为是史上最伟大的四分卫之一，即使不是最伟大的，也是爱国者队最伟大的。但是让新英格兰球迷非常失望的是，爱国者队在2018年的超级碗中不可思议地输给了后起之秀费城老鹰队（Philadelphia Eagles）。

现在，我们可以确定，这项运动还存在一些隐性成本，而美国国家橄榄球联盟（NFL）几十年来一直在否认这点。我这里想说的是慢性创伤性脑病（chronic traumatic encephalopathy，CTE），这种会对大脑产生影响的震荡是很多NFL球员都经历的，给他们和家人带来了无尽的痛苦、丧失和悲伤。著名的爱国者队后卫朱尼奥·苏（Junior Seau）在 43 岁时自杀身亡，而球员亚伦·埃尔南德斯（Aaron Hernandez）被判谋杀罪名成立，27 岁时在狱中自杀，后来发现他的大脑受到严重的 CTE 损伤，许多其他 NFL 球员也是一样。然而，在 2017 年，美国总统抱怨这项运动不够暴力，对击打头部的处罚会"破坏比赛"；他还谴责在奏国歌时不起立的球员，称抗议者是"浑蛋"。一名球员表示："我想我们现在都是浑蛋了。"

2016 年，旧金山 49 人队（San Francisco 49ers）的前四分卫科林·卡佩尼克（Colin Kaepernick）开创了一种潮流，他在奏国歌时单膝下跪，以表达对在美国非裔社区中遭受警察暴行和谋杀的受害者的同情。在特朗普的谩骂之后，整支球队在 2017 年的一段时间里跟随着这种潮流（奏国歌时单膝下跪），美国职业篮球联赛（NBA）的许多杰出球员也表达了强烈的政治声明，声援那些支持为有色人种争取更大社会正义的运动员。2016 年，卡佩尼克捐赠了 100 万美元，支持那些在受压迫的近市中心的旧城区的社区工作团体，并赞助了一年一度的"知悉你的权利"夏令营，为有色人种的年轻人"提高对高等教育、自我赋权的意识，指导他们在不同状况下与执法部门合法交流"。

因此，毫不奇怪的是，美式橄榄球的世界持续反映着

产生它的社会本质。无论你是否喜欢这项运动，谁每年会
赢得超级碗与开展此比赛本身相比，总是显得苍白无力。
我们如何在觉知中保持这一点？如何在觉知中持续意识到
这些有害的阴暗面，不管我们是不是忠实粉丝？[⊖]

⊖ 关于在体育赛事中支持某一方的人类行为及其与部落主
　义、进化生物学和内在的"空性"（详见本系列第一本书
　《正念地活》中的"空性"一章）的关系的精彩论述，请参
　见：Robert Wright, *Why Buddhism Is True*, Simon &
　Schuster, New York, 2017: 181-185。

第二十九章

傲慢与权力

在生命中的一两个时刻，我们偶尔感觉能够掌控一些事情，所以我们通过一种微妙的方式，告诉自己事情一般应该如何发展。比如，飞机应该准时起飞和到达。"我的航班"，加下划线的"我的"，是不应该被取消的，因为我出于这样或那样的原因必须在某个特定的时间到达我应该到达的地方。（你能感觉到愤怒、自我中心和自以为重要的情绪在上升吗？）以及，人们都应该是可靠且言出必行的，尤其是跟我打交道的时候；投资都应该增值；孩子们应该是安全的；如果我们膳食合理又经常锻炼，我们的身体应该保持健康。

事情越是"按我们的方式"发展，一段时间后，我们就越相信，事情就应该是这样的。但当事情没有按照"我们的方式"发展时——这应该是不会发生的——我们会生气、失望、沮丧、崩溃，忘记事情根本就"不应该"按照任何一种方式发展。我们的生命如何延续，实际上从来都不完全是我们所认为、计划或渴望的，我们永远无法做到一切尽在掌控。但我们总是坚持认为事情应该是这样的，我不应该遭受这样的侮辱或那样的损失，应该被这样而不是那样对待；世界应该是这样的，战争或地震不应该发生。如果我们在社会上或者某个组织机构中，甚至只是在自己大脑中的社会（回想一下那个说法：他自认为是一个传奇人物）享有更强大的权力，我们就越容易受到自己绝对正确的暗示，因而变得傲慢，忘记万事万物的变化方式都无法确定，没有什么是固定不变的，我们都要服从这一无常法则。如果我们可以谨记这一如此简单而优雅的事实，可能会很容易平衡我们往傲慢和自负方向的倾斜，帮助我们学习如何让生活与佛法、道法及万物的和谐相一致，特别是面对困难、苦难、痛苦时，我们要做的只是将这一法则铭记于心。

无论是否深入审视这些例外事项，我们会发现，那只是一个我们讲述给自己的故事，也许在不知不觉中那个故事、那些未经审视的图像和那一连串的感觉，最终诱使我们陷入一种无处不在的无意识状态，并在我们最需要保持头脑清醒的时候把事情视为理所当然。我这里提及的例外事项总是最难被我们接受的，因为一般情况下，我们知道事情发展的方式只是一些对我们幻想的含糊不清的回应。

我们似乎总是处于被事物外表迷惑的风险之中，像是受到轮回和玛雅（samsara and maya）的诅咒，这个梵文术语意为感官世界的虚幻游戏，通常不会完全清晰地感知和理解事物本质，所以我们很容易被错觉和幻觉催眠，包括几乎无意识地暗示我们"渺小"自我的不朽、全能或优越。

　　毫无疑问，运气和努力可以相伴而生，而且经常一同出现，尤其是在提供了多种有益机会的稳定社会中。如果社会不完善，尊重个体生命和自由的法律以及社区人民享有的权利，至少在原则上⊖会创建一个平衡、稳定以及"进步"的表象，要么是对个人生活，要么是对职业生活，或者我们足够幸运，二者兼有。在许多所谓的发展中国家，情况就不是这样了，要混乱得多；而在所谓的发达国家，从表面上看，事情可能会长时间"按计划"进行，尤其是在所谓的"和平时期"，但是，一遍又一遍让事情变得"正确"，这种微妙的满足感如果逐渐转变为"自我"满足感，甚至是特权感，便会对我们产生欺骗作用。因为迄今为止，事情总是按照我们自认为应该的方式展开。然

　　⊖　关于对民主的理想与现实的一种令人信服的批判观点，请参见：Chomsky, N. *Who Rules the World*? Henry Holt, New York, 2016; and Zinn, H. A *People*'s *History of the United States*, HarperCollins, New York, 1980, 2003。

而，当情况的变化与我们的设想、规划不一致时，当我们不小心酣睡时，这种猛然间的觉醒，会让我们感到极为脆弱。

当我们突然发现，无论是在个人层面、职业层面、社会层面，还是在全球层面，事情都不像我们想象的那样、希望的那样、期望的那样、要求的那样、指望的那样、盲目相信的那样时，这的确是一个很大的觉醒，也许是一个非常猛烈而痛苦的觉醒。我们发现事情并不总是像我们想象的那样，而且可能并非一直如此。也许事情从来就不是那样的，可能只是以那种方式出现了一段时间。我们或许从一开始就被蒙蔽了——比如一场我们都很乐意参加的化装舞会，这种自我欺骗可能发生在个人或更广泛的社会中，可能发生在家庭中，也可能发生在国家身上。我们很容易迷失方向，尤其是当我们与错觉协作一致的时候。

如果我们在这个星球上的生命轨迹没有缩短，不管喜欢与否，也不管接受与否，我们都在不可避免地衰老，而我们衰老的方式往往不是我们预想的那样。我们可能会因阿尔茨海默病而逐渐失去理智，或因其他令人震惊或不可名状的折磨而失去身体。我们可能会以从未想过的方式失去我们所爱的人。我们的死亡也会与想象的不一致。股票市场在经历了多年的上涨之后因为一些不太健康的原因而下跌，但管他呢，你还能在哪里像这样赚钱呢？这些公司每年花费数十亿美元打造一个完美无瑕和绝对正确的形象，但这些公司中普遍存在的贪婪、会计欺诈行为和不道德行为被揭露时，我们多少会感到震惊。尽管如此，翌日或翌年，这一切几乎就被淡忘了，直到事情再次被曝出。

觉醒只会凸显我们长期以来的梦游症。我们被迫相信并生活在一个梦一样的现实中，并投入情感，不愿意也无法看穿它，因为我们自己会依恋这个梦，特别是当它看起来如此美好时，而且许多人似乎都在相同的梦里。某种微妙的或者也许不是那么微妙的傲慢，可能已经通过我们内心对生活的要求潜入了我们的心底，我们内心总是要求事情应该像我们期待的那样、计划的那样、认为的那样、梦想的那样。一层权力的薄雾悄然而至，笼罩着一切，相信一切都会如我和我的家人所计划的、所希望的那样顺利。现在，是启示的时刻，事情在发生变化，用已故的禅师铃木俊隆的话来说，我们看到它"并不总是这样"，我们发觉自己会对确定性的依恋视而不见，会因事情长期按照"我们的方式"发展而感到舒适或感到享有社会或种族特权，或者生活在类似的幻觉中，尽管事实并非如此。或许我们忘记了，"我们的方式"并不一定是我们认为的方式。也许我们应该发问："我的方式是什么？"也许我们的社会，我们的国家，甚至整个世界都需要问这个问题。

真正的挑战是不要再睡着，一旦被粗暴地唤醒，或者被其他途径唤醒，那就不要再作茧自缚，再陷入无休止的怨恨和指责，以及由此产生的噩梦中去。对于睡眠习惯，轮回的诱惑非常强烈，需要一个强烈的觉醒承诺来抵消。

这里没有什么可指责的，或者说，到处都是可指责的地方，但不可避免的是，我们会陷入自己的梦，特别是当整个社会联合起来只展示其中的一面，而另外一面被摒弃、隐藏于暗处时。但是，除了陷入指责之中，我们还可以选择从这些梦境中觉醒，去探索更伟大、更真实的东西。因此，最终而言，更多的痛苦也意味着更多的疗愈。觉醒，需要放弃一种自己可能几乎没有觉知的执着，获得一个更广阔、更真实、更清醒，但也更现实的视野，从而获得自由和变革。那是一个我们可以安住的地方，在那里，我们可以以一种完全满意的方式认识世界，安于当下，要么没有错觉的参与——当你陷入各种难以察觉的错觉中，这几乎不太可能实现——要么至少能够在错觉潜入时很快觉知到它们。

这一更伟大的事也是一种更高层次的观点，必须包括一个本质的认知，即当人们为了提高自我满足感、获得权势或特权而去坚持某样东西，不是为了提高人类的福祉时，人类的痛苦就会增加。

这一更伟大的事包括意识到我们渴望保持不变，而我们坚持的东西却不可避免地会发生改变，以及我们急迫期待改变的事情似乎停滞不前，我们越试图强迫它改变，它就越不变。此外，我们还意识到驱动这些事件的"法则"在根本上是客观的，与经常受我们个人和集体产生的贪婪、仇恨、无知，以及自满的错觉和欺骗所影响的原因和条件有关。它还包括意识到这些持续变化的原因和条件促进了我们的相变反应，同时模糊了我们的本质，而这一本质比我们进入的任何一种或所有的睡眠状态都更重要、更根本。

　　如果我们觉醒过来，那就不要再睡了。但是，如果不保持某种正念练习，把它作为一种最重要、最必要、最需要牢记和体现的强烈爱好，那么当条件合适时，我们很可能会被引诱进入另一个美好的梦境，然后再次忘记醒来。练习保持觉醒，我们有更多的机会感知并采取措施纠正我们目光短浅的想法。我们不仅可以嗅到玫瑰的花香，还能闻到我们弥漫出的傲慢和权力的气味，不管这种气味是多么微弱，这样我们可以相对快地恢复感官知觉，停留在事物的现实状态中。当身心不再需要传达任何信息，只需要单纯地待在那里运行正常就好，也可以相信自己身心所处的状况，可以在觉知中保持开放的态度，但也不会强行期待去获得这份觉知，可以无所畏惧且饱含慈心，直面事情当下的本来面目。

*

……你明白，春芽隐于种子。

我们都在挣扎；却没人能走得更远。

抛开傲慢，审视内心。

忽而蓝天无比开阔，

平日的琐碎衰败顿时烟消云散，

自己造成的创伤也慢慢抚平，

万丈阳光射入心田，

我稳稳地坐在这个世界。

——卡比尔

第三十章
死　亡

　　既然无常、空性和无私一直是我们探索的潜在主题，那么再次思考一下生命的短暂吧！我们的身体，生命原生质的量子化冷凝产物——当然也是宇宙中我们所知最复杂、高分化的物质和能量聚合体——生而又逝。随着生命的消逝，每个人的生活细节和个人表现方式也随之消逝，剩下的有照片、家庭视频、任何被上传到社交平台的内容，满是回忆，那些小小的胜利和姿态，以及活着的人对逝去者这样或那样的印象或默默在自己心里述说的故事；还有那些错过的时刻；那些本该发生但没有发生，那些本可以有但没有得到的一切。

　　然而，生命本身在延续，那是属于所有有机体鲜活而悸动的相互连接的网络。从非常真实的意义上说，身体只是基因以各种组合方式传递自己的一种渠道，以确保它们在不断变化的环境中得以生存。我们认为自己是主宰，但我们的基因有它们自己的生命。虽然我们的生命相对短暂，基因的生命却长得不可估量，我们这些有机生物仅仅可视为它们在这个世界上漫游过程中的副产物。理查德·道金斯（Richard Dawkins）使用了一个尖锐术语"自私的"基因来描述这一现象，这还谈何空性！

> 啊，黑暗，黑暗，黑暗。他们都走进了黑暗，
> 空虚的星际空间，从空虚到空虚，
> 船长、商人、银行家、杰出的文学家，
> 慷慨的艺术赞助人、政治家和统治者，
> 显要的公务员、形形色色的委员会主席，
> 工业巨头和小承包商，都走进了黑暗之中……
>
> 我们大家也跟随着他们……
> ——T. S. 艾略特，《东库克》，《四个四重奏》

> 现在我所有的老师都死了，只剩下寂静。
> ——W. S. 默文

在我还是研究生的时候，所有为分子生物学发展做出贡献的上一代杰出科学家，即便他们往往会工作到七八十岁，现在很可能马上就要退休，或已退休很久，甚至已经

去世了，但他们的遗产延续了下来，随着时间流逝这些遗产慢慢没有了所属。这些科学家通过一生不懈努力获得的知识滋养了年轻一代的科学家，促进了科学本身的发展，并为现在实验室中正在开展的一切打下了坚实的基础。我的老师们一定会讶异于新知识的产生速度，每天世界各地实验室中基因和生物智能技术的自动化水平，以及数据和论文的共享速度都在不断刷新认知。我猜，他们可能会战战兢兢、使劲吞咽口水，因为我们在如此靠近生命固有道德的困境中，能够以前所未有的方式通过人类的思维去塑造生命，这种思维在某种程度上过早发展了，所以让人难以置信并令人钦佩，然而在道德上，甚至情感上又那么不发达，有时幼稚、无知，有些甚至很危险。

我曾看到科学家们对如果不能真正永生也要延长生命的可能垂涎三尺，通过分离和操纵所谓的衰老基因，即基因组中可能会影响物种寿命的 DNA 片段。一些人将衰老描述为一种有可能治愈的疾病。

我想，我们每个人都有渴望永生的时刻，渴望永远活下去。但是，以什么样的形式？到什么年龄？这样做，我们自己、他人、这个星球会付出什么样的代价呢？我们以前从未面对过这样的远景，迄今为止的历史表明，我们并不具备这样做的能力。但我们需要面对的是加速深化大脑智慧，或共同承受无法想象的后果，很可能是普罗米修斯式的后果。

21世纪初，生物学家因证明了凋亡机制——程序性细胞死亡机制——而获得诺贝尔奖。不为大多数人所知的是生命的死亡实际上是由基因决定的，许多完全健康的细胞实际上需要通过死亡来完成整个生物体的生长和优化，这种选择性的细胞死亡在我们的四肢和器官系统还在子宫中发育的时候就开始了，而且这种特定细胞的死亡会持续我们的一生。事实上，我们有很多细胞会死亡，知道它们什么时候死对于我们整个生命而言绝对必要。这个引人注目的生物学例子也表明，不要对微小的自我意识产生依恋。

于细胞而言，永生的就是癌症。癌细胞不懂这种生长和分裂需要服务于更大的整体，也不会根据需要进行调控并保持在灵活的控制之下。事实上，我们所有的细胞都以不同的速度存活一段时间，然后死亡，被新的细胞取代，我们的皮肤、肠胃内壁、肌肉和神经细胞、血细胞、骨细胞都是如此。

这既包含了形成，也包含了形灭。没有去，就没有来，更不会有转化。也许我们的细胞在试图告诉我们，死亡并不是一件坏事，没有什么可怕的。也许我们知道死亡，拥有预知死亡必然性的能力，却不能得知死亡的时间，这正是一个促使我们唤醒生命的激励，在还能充分、热情、智慧、充满爱、快乐、毫无依附的时候去生活。

　　我们每天都在慢慢死亡，正如我们每天都在重生。我们在每一次呼吸中死去，又在下一次呼吸中活过来，我们从一开始就在死亡，而死亡永远在清理我们的房子，为新事物腾出空间。所以，如果我们觉知到这个动态的过程是生命以个体的形式表达内在本身，那么我们在心中将自己与这种觉知相统一，就有机会继续成为自己，成为自认为最具意义的自己，这些都建立在已有的自我基础之上，从当下所处的地方开始。从更大的整体性角度来看，知道没有比这更好的了，因为一切都是此刻的。回想一下卡比尔的话：

　　　　朋友，在你活着的时候为宾客祈福吧。
　　　　在你活着的时候跳进体验中吧
　　　　在你活着的时候思考……又思考……
　　　　你所谓的"救赎"属于死亡之前。

　　　　如果你活着的时候不割断绳子，
　　　　你认为
　　　　死后鬼魂会来帮你吗？

　　　　灵魂会欣喜若狂的想法
　　　　只是因为身体腐烂了——
　　　　这都是幻想。

现在发现的，将来也会发现。

如果你现在一无所获，

最终只会在死亡之城拥有一间公寓。

如果你现在示爱于神，那来世

你会带着满意的面容……

——卡比尔

*

还有阿尔伯特·爱因斯坦的话：

他比我早一点离开了这个陌生的世界，这无关紧要！对我们这些唯物论者来说，过去、现在和未来的分离只有幻觉的意义，尽管那是一种顽固而持久的幻觉。

——阿尔伯特·爱因斯坦对密友

米凯兰杰洛·贝索的悼词

第三十一章
死前的死亡（一）

　　我在写博士论文时，想肯定一下长久以来的存在主义挣扎，肯定一下冥想和瑜伽一直在解放和拯救生命中的作用，所以，就在开篇页上，写了一句含糊其词的话：

"死前死亡，死后不朽。"

我都不记得从哪里找到的这句话。

　　我的论文答辩委员会由六名男性和一名女性组成，他们的年龄在 40 岁到 50 岁之间，他们都极富创造力并且都很成功。他们都是分子生物学前沿领域的杰出人物，供职部门在每年的国家评级中都名列前茅。大多是享有声望的美国国家科学院院士，包括我的论文导师萨尔瓦多·卢里亚（Salvador Luria），他因其极具想象力的统计论证成为 1969 年诺贝尔生理学或医学奖获得者之一，他在几十年前与物理学家马克斯·德尔布鲁克（Max Delbruck）合作，发现细菌突变是自发和随机发生的。萨尔瓦多最著名的研究生吉姆·沃森（Jim Watson）和弗朗西斯·克里克（Francis Crick）一起发现了 DNA 的双螺旋结构，并因这一开创性的发现获得了诺贝尔奖，比萨尔瓦多获得诺贝尔奖早了 7 年。[⊖]

让我吃惊的是，那天我论文答辩的第一部分并不是围绕着论文的内容和所做的实验工作，而是围绕着那句开篇语。有人一开始就提出了一个关于它的问题，也许只是为了让我在投入答辩之前放松一下，但一个问题接着一个问题，他们的问题显示出真正的好奇心。他们显然想知道死前的死亡意味着什么。为什么我要把它写进我的论文？在他们的要求下，我解释道：对我而言，它指的是依恋的死亡，这种依恋是以自我意识为转移的狭隘的人生观，包括自我关注和准确性可疑的、自我建构的叙事视角，通过这一视角，我们看到一切都受到对我们性格有影响作用的自

　⊖　这部分背景故事讲的是，沃森和克里克在他们发现中使用的 X 射线晶体数据来源于罗莎琳德·富兰克林（Rosalind Franklin），一位 37 岁就死于癌症的同事，她在去世很久之后，才因提供支持双螺旋结构的关键数据而受到瞩目。如果她能活得更久一些，很可能会和她的学生兼合作者阿伦·克鲁格（Aron Klug）一起获得诺贝尔化学奖。克鲁格在 1982 年获得了诺贝尔化学奖。

我珍视习惯滤镜的夸大，虽然我们作为宇宙无可争议的中心，但极不愿意承认这一事实。

死前死亡意味着在一个更宏大的现实中觉醒，超越狭隘的自我约束的观点和以自我为中心的关注——这是一个仅仅依靠个人有限思想和观点以及高度制约的好恶无法达到的现实，特别是那些未经审视的观点和好恶。这便意味着要有意识，不是指智力上的渊博，而是指直接感官意义上的，同时要铭记生命、所有关系稍纵即逝的本质，以及生命终究客观的本质。在这样一个坐标系统中，人们可以根据自身可把握的程度去有目的地抉择，从而跳出日复一日的自动性生活，这种自动性常常利用狭隘的野心和恐惧引诱我们，使我们对生命的美好和神秘感到麻木（甚至生物学家也一样），阻止我们更有创造性地探索事物的深层本质，包括人类自己（甚至是科学家）作为鲜活的生物，拥有不可预知和转瞬即逝的寿命，隐藏在所有表象之后，蒙蔽于自我讲述的我们是谁的故事之内。

当然，我无法逐字逐句记起我当时说了些什么，但大意如下。

我接着说道，死前死亡对我来说意味着如果你活着的时候过的是一种觉醒的生活，注意到了自我不断建构的自我能量而没有深陷其中，那样我们便能意识到这种占据绝对主导地位的自我参照习惯是不准确的，从根本上而言是一种空性概念，严格来说，你不会死。当你在死前死亡，一个特殊的、具体的、孤立的"自我"的概念也会死亡。一旦你意识到这一点，死亡在任何时候都只是一种思想上的，也没有人会死。这就是为什么佛陀把解脱称为"不死"。

我相信，27岁的我在回答他们问题时表现得非常真诚，但事后看来，我也可能是严肃和过度自信的，如果没有完全陷入傲慢的境地，至少是徘徊在傲慢的边缘。我敢肯定，在这种情况下，看到我如此坚定的态度，极有可能会对我阐述的观点产生好感。我通过一种与众不同的实验，远远超出了他们实验室和共识的界限（至少我是这么认为的），当然也超出了我们那天聚集在一起的目的范围，的确触碰到了一些东西，发现了一些东西。当年在麻省理工学院（MIT）读书时，不知何故我偶然发现了冥想和瑜伽，并对这些学科尽可能带来和揭示的东西产生了热情，我也没有觉得这些用来研究现实本质的视角描述的是一个完全超出科学界限的领域。事实远非如此，但冥想和瑜伽显然与分子生物学的常规路线以及我的论文研究主题迥异，在过去仅仅20年左右的时间，有关正念冥想及其相关冥想练习的严肃科学研究才真正起步。

因此，在我的论文答辩中，当那句开篇语的主题出现时，我猜想自己在内心深处的某个地方，希望能够向我的导师们以一种他们能够理解的方式来解释它，尽管当时属于一种不同寻常的状况。也许这正是把这句格言直接放在论文前面的一个无意识因素，尽管这一行为主要是与一种非常清醒的感觉有关，即完成我这段博士培养生命历程本身就是一种死亡和重生。这句引文提醒着我去铭记所有与这一时期和这一工作相关的辛劳和磨砺，提醒着我不要执着于过往，也提醒着我曾为此而"死"。

在 MIT 生物系的论文答辩中进行这样的哲学对话是非常不寻常的。尤其是那位提问最多的导师，他对这一题词很感兴趣并想要一直谈论它，这很令人惊讶，因为我非常了解这些专家，据我所知，他们首先是至上的理性主义者。我把他们对这一话题的兴趣归因于这样一个事实：在他们这个年纪，可能已经通过自己的科学工作为世界做出了最大的贡献，而且越来越觉知到自己的衰老和死亡。不知何故，这个关于死前死亡的神秘且诗意的短语，当它出现在一个他们都非常熟悉的学生的作品中时，激起了他们的兴趣，也许还激起了他们的自我意识。我猜，也许是因为他们已经决定，论文本身已经足够优秀，只要我能够机智回答一些细节问题就让我通过答辩，所以才会这样轻松，花时间谈论一些映入眼帘的不相关的内容，而如果事实相反就可能不是这样了。我还猜想，房间里唯一的女性，安娜玛丽亚·托里亚尼 - 戈里尼（Annamaria

Torriani-Gorini）教授一定觉得非常好玩。

我已经记不得我们所有的谈话内容了。但毫无疑问，他们对我的回答有一种愉快的宽容，也许有些人会礼貌地扬起眉毛，但正是他们持续不断的提问延长了我们的讨论时间，所以我很清楚，他们的确想要谈论死前死亡。过了好久，我们才开始进入真正的答辩环节。

这件事发生在 1971 年，距现在已过去了 50 年的时间，萨尔瓦多·卢里亚早已不在人世，而我比当时他们中的任何一个人都要老。萨尔瓦多和我之间有很深的感情，但我们之间的关系如同严厉的父亲和叛逆的儿子，有一种狂风暴雨般的特征，大多数时候掺杂着他对我选择的生活道路的反对和困惑。事实是，我总是会把他逼疯，而且出于完全可以理解的原因，以及考虑到他和我的身份。但几年以后，他还是大度地阅读了《多舛的生命》手稿（我曾请他给出批评意见以完善内容，也是我与他连接的一种方式），最终，在他罹患癌症后，他问我是否可以过去找他并教他如何冥想。在他去世前一年，我们在他家里一起进行了几次练习（那时，我们实际上住得离对方只有几个街区），但据我所知，这并不是他真正喜欢或凭直觉理解的事情，所以我会在下班回家的路上顺道拜访一下，和他聊聊天，看看他过得怎么样。那时，我们之间只有甜蜜。

我花了数十年的时间才发现，也许在当初答辩的时候，尽管我所说的都是基于实践，基于我刚起步的经验和理解，所以只是在提出概念，但那些都是很严谨、很有价值、很有益的概念，有助于我的练习，也帮助我经受住那段时间里发生的某种存在主义对我的撕扯，但它们始终都只是概念。事实证明，死前死亡比我想象的更具挑战性，也许比我体验过的更深刻。

当然，即使到了现在，情况也是如此。你猜怎么着？当你走向地平线时，你发现它总是在后退，那不是一个可以到达的地方。自我的某些方面似乎总是顽强地依附于"我"和"我的"小故事。冥想练习并不能保证免于执念，或者就此而言，免于妄想。人们很容易就会把依恋的习惯转移到另一类概念和幻想上，而所谓的心灵社团在这方面就有很高的风险——自我满足地相信自己的练习方式才是最好的修行，自己对这种方式的看法才是最明智的，自己坚持的传统和遇到的老师才是最好的，然后就这样继续下去——不要说团体，即使是作为独立个体，这也是一个容易落入和难以摆脱的陷阱。

在我看来，眼下的挑战是去感知这类故事的产生，无论它多么微小，无论它的内容如何，世俗还是神圣，把它当作我们练习的一部分，去认识它，它是心灵的另外一种虚构。我们要么避免陷入困境，要么在陷入困境时迅速而优雅地觉知，然后一笑而过。在觉知中安住，死亡就会在这一刻发生，对这一刻的充分认知超越了概念和语言，无论这些概念和语言多么有意义，多么有用。知道了这一点，语言和概念才会变得更强大，因为你知道如何使用它们，如何适可而止。

*

只要你没有体验过

这一经历：死而返生，

你就只是个麻烦的客人

待在黑暗的世界上。

——歌德，《神圣的渴望》

第三十二章

死前的死亡（二）

到论文答辩的时候，我已经练习禅宗传统的冥想大约五年了。讽刺的是，我的第一次现场曝光也是在 MIT，那是在 1966 年。一天，我走在一条长长的双色调绿色走廊上，感觉很疏离和不适，部分原因是我认为正在越南进行的战争可耻而污秽，我的眼睛看到走廊里一个巨大布告栏上的传单。它上面写着奇怪的几个字："禅门三柱。"

那是为菲利浦·卡普乐（Philip Kapleau）的一篇演讲做的广告，卡普乐曾是纽伦堡国际军事法庭的记者，后来去日本禅修了几年，他是被当时 MIT 的哲学和宗教教授休斯敦·史密斯（Huston Smith）邀请到 MIT 的。当时我不知道禅是什么，也不知道卡普乐是谁，也没听说过休斯敦·史密斯，但出于某种原因，我去听了那个在傍晚研讨会时间举行的讲座。

最令我印象深刻的是，参加讲座的人寥寥无几，整个数千人的学术团体只来了不超过五六人。我已经记不得卡普乐到底说了什么，除了他随口提及的，当他在日本开始静坐时，寺院里很寒冷，没有中央供暖系统，那是一种斯巴达式的、原始自然的条件，然而，他的慢性胃溃疡消失了，而且再也没有复发。不管卡普乐还说了什么，这是我第一次信服地听到有人根据第一手经验谈论冥想和佛法。我在演讲结束后离开时感觉自己无意中发现了一件极其重要的事情，它与我当时的生活息息相关，让我头脑清醒，所以我开始自己静坐。过了一段时间，卡普乐又来了，并在一个周末主持了一次静修，这加深了我的练习和热情。后来，当他的书《禅门三柱》出版时，我从头到尾研读了一遍，还时不时翻阅一下来指导我刚刚起步的静坐练习。

研究生阶段的那段时光，我感觉经历了一场死亡，也像是发现了新的生命。它标志着一个我初心所向新维度的逐步揭示，从一开始也正是这种向往引领我来到科学和生物学的大门，让我探索和认知生命的本性、意识的真相和现实的本质——绝不局限于抽象的概念研究，而是要具体体现在我自己的生活、思想和人生选择中。尽管我对科学带来的新发现仍然一如既往地满心欢喜，但继续在实验科学之路上前进的冲动正在慢慢消失，与此同时，通过关注生命和存在的多个维度来了解自己的冲动变得越来越强烈，我开始把生命本身当作最吸引人的实验室。

那段时间，拉玛那·马哈希（Ramana Maharshi）的故事给我留下了深刻的印象。拉玛那·马哈希是 20 世纪最伟大的圣人之一，作为一名没有接受过任何心灵训练或兴趣的 17 岁高中生，一天他却被一种死亡的强烈焦虑所制伏，他决定直面自己当下的经历，不去抗拒，并直接问自己："什么是死亡？"他躺下来假装死亡，甚至屏住呼吸，模仿尸体僵硬的样子。

接下来发生的事情令人震惊，根据他的描述，他的人格当场永久性地消失了。剩下的显然就是觉知本身，他称之为"自我"（Self，大写 S），一种类似于婆罗门的表达，或者他意味着宇宙"自我"，从那一刻起，他开始教授自我探究之道，以及"我是谁"的冥想之道。来自世界各地的人们出现在他位于印度南部蒂鲁文纳默莱城（Tiruvannamalai）简朴的隐居之所，描述他是散发着纯粹的爱和纯粹的觉知，拥有刀一样锐利和镜子一样光洁流畅的思维，还有空性的自我，他回答应对着所有的询问，不论询问是天真幼稚的，还是意味深长的，他宁静而安详的微笑总是能穿透照片，越过我的书桌，直达我心。

我总是把拉玛那的故事和瑜伽中的尸体姿势联系在一起。我们故意摆出"尸体"的姿势，仰面平躺，两脚分开，双臂放在身体两侧，但不触碰身体，手掌朝向天花板或天空张开，这样就可以在我们死前不断练习"死亡"。就这样伸展躺着，完全静止，除了呼吸顺其自然地流动，让整个世界保持原样，按固有的方式发展，就好像我们已经死了，世界只是按照自己的方式继续存在，只是没有了我们，所有的依恋破碎、死亡，因此再也没有什么可依附的了。我们看到、感觉到、知道依附本身是徒劳的，我们的恐惧最终是无关紧要的，我们只知道当下，而这就足够了。如果你愿意，你可以问："谁死了？""谁在做瑜伽？""谁在冥想？""谁在呼吸？"，甚至是"谁现在在读这些文字？"。

过去死亡，将来死亡，"我"和"我的"的死亡，我们——以尸体姿势躺着，就像是一具尸体——去了知心灵的特质或本质，纯粹的觉知，任何自我概念和思想在本质上只是空性。只有这样，所有思想和情感产生的客观内在潜力才能涌现。这种感知，这种了知，在此处充满活力，存在于永恒的此刻，永远——为了你，也为了我。

所以，今天，我们活着的任何时刻，也许是，的确也是以这种方式死亡的最完美的一天，觉醒也是如此。

你准备好了吗？

"难道你还在坐等这个世界开始？"

第三十三章

不知道的心

　　崇山禅师有时会给我们演示如何练习以心传心："我是什么?"他坐直身子,脸上露出困惑而疑问的表情,闭上双眼静坐一会儿,然后非常大声而有力地喊道:"我是什么?"他会把所有的音节串在一起,听起来就像"我是什么么么么"。一阵沉默之后,他仍然闭着双眼,微微歪着头,脸上露出一种困惑的表情,然后又用力说道:"不知道!"但听起来更像是"不知道道道道"。

　　我是什么么么么?

　　不知道道道道!

　　然后他逗留在沉默中,沉浸在他称之为"不知道的心"(don't know mind)中,只是静坐着。

　　他的意思是,我们这样练习也许不是个坏主意,在内心深处时不时保持沉默,一开始用语言,但后来就远远超出了语言本身。重要的是提问本身,对自我的探究,以及提问背后的热情。这种感觉，是当我们完成所有的探究时，发现答案"不是这个，也不是那个"，而是隐匿于各种名称和形式下的思想和奇想；当我们最终回到这个问题时，发现只是纯粹不知道的感觉，安住在这种不知道的感觉和它带来的所有的痛苦中，全心接受，思维飘逸。

他会告诉我们，无论做什么事，都要"保持不知道的心"（keep don't know mind）。他会吼道："只有不知道！"然后他的很多学生也会一直重复道："只有不知道。"不管你问他们什么，或对他们说什么。这是歇斯底里的，也是难以忍受的，但这也是绝佳的训练。

一天，崇山禅师在一家纽约城市电台接受采访，在节目的最后，著名佛教学者和作家、已故主持人莱克斯·希克森（Lex Hixon）对他说："崇山禅师，感谢您来到我们的节目。我喜爱您的教诲，这是令人着迷的事情，但有一件事我就是不明白，在我们讨论的过程中也一直困扰着我，您一直提到的'甜甜圈的心'⊖是什么？我就是不明白。"

崇山禅师大笑起来，回答道："没错。就是'甜甜圈的心'！那中间什么也没有，就只有空气。"

⊖　此处英文为 donut mind，"不知道"连读后与甜甜圈发音相似。——译者注

第三十四章
爱上我自己

会有那么一天，
你满心欢喜地
迎接自己，
就站在自家门口，照着镜子，
彼此微笑着迎接对方，

坐吧。享受美食吧。
你会再次爱上这个陌生人——你自己。
斟满美酒。递上面包。将你的心
归还其身，还给那个穷尽一生爱着你的人。

那个你曾因为他人而忽略了的陌生人，
却又对你熟稔于心。
从书架上取下情书，

取下照片，取下绝望的字条，

剥去镜中自己的形象。

坐下。尽情享受你的生活。

——德里克·沃尔科特，《爱无止境》

现在，在我们一起走过的这段旅程中，不难发现我们每时每刻都站在自家门口。无论何时，我们都可以推门而入。无论何时，我们都可能会再次爱上这个陌生人——我们自己，正如诗中所写，这个陌生人对我们熟稔于心。

讽刺的是，我们已经"于心"的多个方面了解了自己，但可能已经忘记自己曾这样做过。站在自家门口的都是回忆，是再次的记忆，是我们对自我认知、自我归属以及长久以来忽略的一切的复盘，似乎已经离家门越来越远，但与此同时，又从未远过当下的呼吸和当下的这一刻。我们能觉醒吗？我们能恢复感觉吗？我们能了知到觉知已经存在，还要同时保持不知道的心，尊重不知道吗？它们有什么不同吗？

诗中说，会有那么一天。是啊！会有那么一天的，但我们希望这一天什么时候到来呢？在我们临终时才觉醒，知道自己到底是谁，到底是什么？就像梭罗（Thoreau）

预言的那样（完整的引用参见《正念地活》中的"引言"），"……而非当死亡来临之际，才发现自己还没有真正活过"。而这种情况太容易发生了。或者就是此时此刻，就在当下，我们在哪儿它就在哪儿？

会有那么一天！是的，但只有当我们让自己时时刻刻保持觉醒，时时刻刻恢复感觉，友好对待并超越自我不发达的思想时，这一天才会到来。只有当我们能够感知到自我的自动调节链条，尤其是感知到我们的情绪调节和自认为我们是谁的观点时——剥去镜中自己的形象——感知并看见此处能看到的，听见此处能听到的，当我们转身回到更大的原本之美中时，当我们站在自家门口迎接自己时，当我们再次爱上这个陌生的自己时，会看到这个链条消融在了看到、听到的东西之中。我们可以的，我们可以等到这一天。我们会的，我们会等到这一天。除此之外，我们最终还能做些什么呢？

否则，我们最终如何获得自由？

否则，我们最终如何回归自我？

否则，我们如何获得疗愈？又如何去接受现状呢？

什么时候，什么时候，到底什么时候这一刻才能到来？

诗中说："会有那么一天……"也许，这一天已经来了吧。

只是我们……不知道道道道！

也许，是该练习的时候了，是该享受生活的时候了——因为这一天——就是当下，当下，当下……

致　谢

　　说起来，包括本书在内的四本书的英文版已经出版了一段时间。承蒙众人厚爱，不少朋友在这本书的写作、出版等不同环节做出贡献，我希望能在此表达我对他们最由衷的感谢。

　　首先我要感谢我的师兄，剑桥内观冥想中心的 Larry Rosenberg，还有 Larry Horwitz，以及我的岳父 Howard Zinn。他们花一天时间读了我的手稿并非常热忱地提出了极具创造力的见地。当然我还要感谢 Doug Tanner、Will Kabat-Zinn、Myla Kabat-Zinn 等人，他们从读者的角度为我的手稿提出了许多睿智的建议和反馈。还有这本书版权发行方 Bob Miller 和最初的编辑 Will Schwalbe，他们现在都在 Flatiron Books 工作，感谢他们的支持和友谊，无论是那时还是现在。

把最衷心而特别的感谢、感激献给我这四本书的编辑，Hachette Books 的执行主编 Michelle Howry，还有 Lauren Hummel 和她的 Hachette 团队，你们对整个系列的高效协作都让我深感恩惠。和 Michelle 一起工作，让这趟旅程的每一步都充满了愉悦。你对书中每个细节的关注渗透在方方面面，万分感谢与你的合作，是你一如既往的专业度让这个项目能够持续处在正确的轨道上。

在完成这个系列图书的过程中，我得到了如此多的支持、鼓励和建议，当然，此书中任何不正确以及不足之处全都是我的原因。

我希望可以对我的教学团队的同事们表达深深的感激和尊敬，他们过去及现在都在减压中心门诊和正念中心供职，还有最近作为 CFM 全球联盟机构网络的一部分老师和研究者，所有人都或多或少为创作这四本书投入了他们的精力及热情。不同时期（1979 ～ 2005 年）在减压门诊教授 MBSR 的老师有：Saki Santorelli, Melissa Blacker, Florence Meleo-Meyer, Elana Rosenbaum, Ferris Buck Urbanowski, Pamela Erdmann, Fernando de Torrijos, James Carmody, Danielle Levi Alvares, George Mumford, Diana Kamila,

Peggy Roggenbuck-Gillespie, Debbie Beck, Zayda Vallejo, Barbara Stone, Trudy Goodman, Meg Chang, Larry Rosenberg, Kasey Carmichael, Franz Moekel, 已故的 Ulli Kesper-Grossman, Maddy Klein, Ann Soulet, Joseph Koppel, 已故的 Karen Ryder, Anna Klegon, Larry Pelz, Adi Bemak, Paul Galvin 和 David Spound。

时间来到 2018 年，我非常感激、钦佩现在正念中心联盟的伙伴们：Florence Meleo-Meyers, Lynn Koerbel, Elana Rosenbaum, Carolyn West, Bob Stahl, Meg Chang, Zayda Vallejo, Brenda Fingold, Dianne Horgan, Judson Brewer, Margaret Fletcher, Patti Holland, Rebecca Eldridge, Ted Meissner, Anne Twohig, Ana Arrabe, Beth Mulligan, Bonita Jones, Carola Garcia, Gustavo Diex, Beatriz Rodriguez, Melissa Tefft, Janet Solyntjes, Rob Smith, Jacob Piet, Claude Maskens, Charlotte Borch-Jacobsen, Christiane Wolf, Kate Mitcheom, Bob Linscott, Laurence Magro, Jim Colosi, Julie Nason, Lone Overby Fjorback, Dawn MacDonald, Leslie Smith Frank, Ruth Folchman, Colleen Camenisch, Robin Boudette, Eowyn Ahlstrom, Erin Woo, Franco

Cuccio, Geneviève Hamelet, Gwenola Herbette 和 Ruth Whitall。Florence Meleo-Meyer 和 Lynn Koerbel，她们是出色的领导者并在 CFM 滋养着全球 MBSR 的老师们。

还要感谢那些从一开始就在不同方面精准而严格地为 MBSR 诊所和正念医学中心、护理中心和社会其他各种不同形式的诊所倾尽全力的人：Norma Rosiello, Kathy Brady, Brian Tucker, Anne Skillings, Tim Light, Jean Baril, Leslie Lynch, Carol Lewis, Leigh Emery, Rafaela Morales, Roberta Lewis, Jen Gigliotti, Sylvia Ciario, Betty Flodin, Diane Spinney, Carol Hester, Carol Mento, Olivia Hobletzell，已故的 Narina Hendry, Marlene Samuelson, Janet Parks, Michael Bratt, Marc Cohen 和 Ellen Wingard；还有在当下这个时代，在 Saki Santorelli 17 年的领导下发展起来的稳固平台。我还要将感谢献给平台现在的领导者们：Judson Brewer, Dianne Horgan, Florence Meleo-Meyer 和 Lynn Koerbel，还有 Jean Baril, Jacqueline Clark, Tony Maciag, Ted Meissner, Jessica Novia, Maureen Titus, Beverly Walton, Ashley Gladden, Lynne Littizzio, Nicole Rocijewicz, Jean Welker。还要向 Judson Brewer 深深鞠躬，2017 年他创设了马萨诸

塞大学医学院正念部门——全球医学院中第一个正念部门，这是一个时代的标志，也是对未来之事的承诺。

这里我还要感谢2018年CFM的各位研究者们，是你们广泛的兴趣且富有深度的工作成就了这份贡献：Judson Brewer, Remko van Lutterveld, Prasanta Pal, Michael Datko, Andrea Ruf, Susan Druker, Ariel Beccia, Alexandra Roy, Hanif Benoit, Danny Theisen 和 Carolyn Neal。

最后，我还要向全球各地数以千计的正念研究者（或从事与正念相关工作的人）表达我的感激和尊敬，他们分别供职于医药学、精神病学、心理学、健康护理学、教育学、法学、社会正义、面对创伤和部族冲突的难民的疗愈、分娩和养育、企业、政府、监狱及其他社会机构。你知道我说的是谁，不管你的名字有没有在这里被提到。如果没有你的名字，那只是因为我记性不够好和书的内容有限。另外，特别感谢 Paula Andrea、Ramirez Diazgranados 在哥伦比亚和苏丹的工作；童慧琦在中国和美国的工作，还有来自中国香港和台湾地区的方玮联、陈德中、温宗堃、马淑华、胡君梅、石世明；韩国的 Heyoung Ahn；日本的 Junko Bickel 和 Teruro Shiina；芬兰的 Leena Pennenen；南非的 Simon Whitesman 和 Linda Kantor；比利时的 Claude Maskens, Gwénola Herbette, Edel Max, Caroline Lesire 和 Ilios Kotsou；法国的 Jean-

Gérard Bloch，Geneviève Hamelet，Marie-Ange Pratili 和 Charlotte Borch-Jacobsen；美国的 Katherine Bonus，Trish Magyari，Erica Sibinga，David Kearney，Kurt Hoelting，Carolyn McManus，Mike Brumage，Maureen Strafford，Amy Gross，Rhonda Magee，George Mumford，Carl Fulwiler，Maria Kluge，Mick Krasner，Trish Luck，Bernice Todres，Ron Epstein；德国的 Paul Grossman，Maria Kluge，Sylvia Wiesman-Fiscalini，Linda Hehrhaupt 和 Petra Meibert；荷兰的 Joke Hellemans，Johan Tinge 和 Anna Speckens；瑞士的 Beatrice Heller 和 Regula Saner；英国的 Rebecca Crane，Willem Kuyken，John Teasdale，Mark Williams，Chris Cullen，Richard Burnett，Jamie Bristow，Trish Bartley，Stewart Mercer，Chris Ruane，Richard Layard，Guiaume Hung 和 Ahn Nguyen；加拿大的 Zindel Segal 和 Norm Farb；匈牙利的 Gabor Fasekas；阿根廷的 Macchi dela Vega；瑞典的 Johan Bergstad，Anita Olsson，Angeli Holmstedt，Ola Schenström 和 Camilla Sköld；挪威的 Andries Kroese；丹麦的 Jakob Piet 和 Lone Overby Fjorback；意大利的 Franco Cuccio。希望你们的工作会继续帮助到那些最需要正念的人，去触碰、澄清和滋养我们所有人所拥有的最深刻、最美好的那一部分，并为人类长久渴望的疗愈和转化做出或多或少的贡献。

相关阅读

正念冥想的根源

Analayo, B. *Early Buddhist Meditation Studies*, Barre Center for Buddhist Studies, Barre, MA, 2017.

Analayo, B. *Mindfully Facing Disease and Death*: *Compassionate Advice from Early Buddhist Texts*, Windhorse, Cambridge, UK, 2016.

Analayo, B. *Sattipatthana Meditation*: *A Practice Guide*, Windhorse, Cambridge, UK, 2018.

Armstrong, G. *Emptiness*: *A Practical Guide for Meditators I*, Wisdom, Somerville, MA, 2017.

Beck, C. *Nothing Special*: *Living Zen*, HarperCollins, San Francisco, 1993.

Buswell, R. B., Jr. *Tracing Back the Radiance*: *Chinul's Korean Way of Zen*, Kuroda Institute, U of Hawaii Press, Honolulu, 1991.

Goldstein, J. *One Dharma*: *The Emerging Western Buddhism*, Harper, San Francisco, 2002.

Goldstein, J. and Kornfield, J. *Seeking the Heart of Wisdom*: *The Path of Insight Meditation*, Shambhala, Boston, 1987.

Gunaratana, H. *Mindfulness in Plain English*, Wisdom, Boston, 1996.

Hanh, T. N., *The Heart of the Buddha's Teachings*, Broadway, New York, 1998.

Hanh, T. N. *How to Love*, Parallax Press, Berkeley, 2015.

Hanh, T. N. *How to Sit*. Parallax Press, Berkeley, 2014.

Hanh, T. N., *The Miracle of Mindfulness*, Beacon, Boston, 1976.

Kapleau, P. *The Three Pillars of Zen*: *Teaching, Practice, and Enlightenment*, Random House, New York, 1965, 2000.

Krishnamurti, J. *This Light in Oneself*: *True Meditation*, Shambhala, Boston, 1999.

Levine, S. *A Gradual Awakening*, Anchor/Doubleday, Garden City, NY, 1979.

Rinpoche, M. *Joyful Wisdom*, Harmony Books, New York, 2010.

Ricard, M. *Happiness*, Little Brown, New York, 2007.

Ricard, M. *Why Meditate*? Hay House, New York, 2010.

Rosenberg, L. *Breath by Breath*: *The Liberating Practice of Insight Meditation*, Shambhala, Boston, 1998.

Rosenberg, L. *Living in the Light of Death*: *On the Art of Being Truly Alive*, Shambhala, Boston, 2000.

Rosenberg, L. *Three Steps to Awakening*: *A Practice for Bringing Mindfulness to Life*, Shambhala, Boston, 2013.

Salzberg, S. *Lovingkindness*, Shambhala, Boston, 1995.

Soeng, M. *The Heart of the Universe*: *Exploring the Heart Sutra*, Wisdom, Somerville, MA, 2010.

Sheng-Yen, C. *Hoofprints of the Ox*: *Principles of the Chan Buddhist Path*, Oxford University Press, New York, 2001.

Sumedo, A. *The Mind and the Way*: *Buddhist Reflections on Life*, Wisdom, Boston, 1995.

Suzuki, S. *Zen Mind, Beginner's Mind*, Weatherhill, New York, 1970.

Thera, N. *The Heart of Buddhist Meditation*: *The Buddha's Way of Mindfulness*, Red Wheel/Weiser, San Francisco, 1962, 2014.

Treleaven, D. *Trauma-Sensitive Mindfulness*: *Practices for Safe and Transformative Healing*, W.W. Norton, New York, 2018.

Urgyen, T. *Rainbow Painting*, Rangjung Yeshe, Boudhanath, Nepal, 1995.

MBSR

Brandsma, R. *The Mindfulness Teaching Guide*: *Essential Skills and Competencies for Teaching Mindfulness-Based Interventions*, New Harbinger, Oakland, CA, 2017.

Kabat-Zinn, J. *Full Catastrophe Living*: *Using the Wisdom of Your Body and Mind to Face Stress, Pain, and Illness*, revised and updated edition, Random House, New York, 2013.

Lehrhaupt, L. and Meibert, P. *Mindfulness-Based Stress Reduction*: *The MBSR Program for Enhancing Health and Vitality*, New World Library, Novato, CA, 2017.

Mulligan, B. A. *The Dharma of Modern Mindfulness*: *Discovering the Buddhist Teachings at the Heart of Mindfulness-Based Stress Reduction*, New Harbinger, Oakland, CA, 2017.

Rosenbaum, E. *The Heart of Mindfulness-Based Stress Reduction*: *An MBSR Guide for Clinicians and Clients*, Pesi Publishing, Eau Claire, WI, 2017.

Santorelli, S. *Heal Thy Self*: *Lessons on Mindfulness in Medicine*, Bell Tower, New York, 1999.

Stahl, B., and Goldstein, E. *A Mindfulness-Based Stress Reduction Workbook*, New Harbinger, Oakland, CA, 2010.

Stahl, B., Meleo-Meyer, F., and Koerbel, L. *A Mindfulness-Based Stress Reduction Workbook for Anxiety*, New Harbinger, Oakland, CA, 2014.

正念的其他应用

Baer, R.A. (ed.). *Mindfulness-Based Treatment Approaches*: *Clinician's Guide to Evidence Base and Applications*, Academic Press, Waltham, MA, 2014.

Bardacke, N. *Mindful Birthing*: *Training the Mind, Body, and Heart for Childbirth and Beyond*, HarperCollins, New York, 2012.

Bartley, T. *Mindfulness-Based Cognitive Therapy for Cancer*, Wiley-Blackwell, West Sussex, UK, 2012.

Bartley, T. *Mindfulness*: *A Kindly Approach to Cancer*, Wiley-Blackwell, West Sussex, UK, 2016.

Bays, J. C. *Mindful Eating*: *A Guide to Rediscovering a Healthy and Joyful Relationship with Food*, Shambhala, Boston, 2009, 2017.

Bays, J. C. *Mindfulness on the Go*: *Simple Meditation Practices You Can Do Anywhere*, Shambhala, Boston, 2014.

Bennett-Goleman, T. *Emotional Alchemy*: *How the Mind Can Heal the Heart*, Harmony, New York, 2001.

Biegel, G. *The Stress-Reduction Workbook for Teens*: *Mindfulness Skills to Help You Deal with Stress*, New Harbinger, Oakland, CA 2017.

Bögels, S. and Restifo, K. *Mindful Parenting*: *A Guide for Mental Health Practitioners*, Springer, New York, 2014.

Brantley, J. *Calming Your Anxious Mind*: *How Mindfulness and Compassion Can Free You from Anxiety, Fear, and Panic*, New Harbinger, Oakland, CA, 2003.

Brown, K. W., Creswell, J. D., and Ryan, R.M. (eds.). *Handbook of Mindfulness*: *Theory, Research, and Practice*, Guilford, New York, 2015.

Carlson, L., and Speca, M. *Mindfulness-Based Cancer Recovery*: *A Step-by-Step MBSR Approach to Help You Cope with Treatment and Reclaim Your Life*, New Harbinger, Oakland, CA, 2010.

Crane, R. *Mindfulness-Based Cognitive Therapy*, Routledge, New York, 2017.

Cullen, M., and Pons, G. B. *The Mindfulness-Based Emotional Balance Workbook*: *An Eight-Week Program for Improved Emotion Regulation and Resilience*, New Harbinger, Oakland, CA, 2015.

Epstein, M. *Thoughts Without a Thinker*, Basic Books, New York, 1995.

Ergas, O. *Reconstructing "Education" Through Mindful Attention*: *Positioning the Mind at the Center of Curriculum and Pedagogy*, Palgrave Macmillan, London, UK, 2017.

Gazzaley, A. and Rosen, L. D. *The Distracted Mind*: *Ancient Brains in a HighTech World*, MIT Press, Cambridge, MA, 2016.

Germer, C. K. and Siegel, R. D. (eds.). *Wisdom and Compassion in Psychotherapy*: *Deepeing Mindfulness in Clinical Practice*, Guilford, New York, 2012.

Germer, C. K., Siegel, R. D., and Fulton, P. R. (eds.). *Mindfulness and Psychotherapy*, Guilford, New York, 2005.

Germer, C. *The Mindful Path to Self-Compassion*, Guilford, New York, 2009.

Goleman, D. *Destructive Emotions*: *How We Can Heal Them*, Bantam, New York, 2003.

Greenland, S. K. *Mindful Games*: *Sharing Mindfulness and Meditation with Children, Teens, and Families*, Shambhala, Boulder, CO, 2016.

Greenland, S. K. *The Mindful Child*, Free Press, New York, 2010.

Gunaratana, B. H. *Mindfulness in Plain English*, Wisdom, Somerville, MA, 2002.

Himmelstein, S. and Stephen, S. *Mindfulness-Based Substance Abuse Treatment for Adolescents—A 12 Session Curriculum*, Routledge, New York, 2016.

Jennings, P. *Mindfulness for Teachers*: *Simple Skills for Peace and Productivity in the Classroom*, W.W. Norton, New York, 2015.

Kabat-Zinn, J. *Mindfulness for Beginners*: *Reclaiming the Present Moment—and Your Life*, Sounds True, Boulder, CO, 2012.

Kabat-Zinn, J. *Wherever You Go, There You Are*: *Mindfulness Meditation in Everyday Life*, Hachette, 1994, 2005.

Kabat-Zinn, M. and Kabat-Zinn, J. *Everyday Blessings*: *The Inner Work of Mindful Parenting*, *Hachette*, New York, 1997, Revised 2014.

King, R. Mindful of Race: *Transforming Racism from the Inside Out*. Sounds True, Boulder, CO, 2018.

Martins, C. *Mindfulness-Based Interventions for Older Adults*: *Evidence for Practice*, Jessica Langley, Philadelphia, PA, 2014.

Mason-John, V. and Groves, P. *Eight-Step Recovery*: *Using the Buddha's Teachings to Overcome Addiction*, Windhorse, Cambridge, UK, 2018.

McBee, L. *Mindfulness-Based Elder Care*: *A CAM Model for Frail Elders and Their Caregivers*, Springer, New York, 2008.

McCown, D., Reibel, D., and Micozzi, M. S. (eds.). *Resources for Teaching Mindfulness*: *An International Handbook*, Springer, New York, 2016.

McCown, D., Reibel, D., and Micozzi, M. S. (eds.). *Teaching Mindfulness*: *A Practical Guide for Clinicians and Educators*, Springer, New York, 2010.

McManus, C. A. *Group Wellness Programs for Chronic Pain and Disease Management*, Butterworth-Heinemann, St. Louis, MO, 2003.

Miller, L. D. *Effortless Mindfulness*: *Genuine Mental Health Through Awakened Presence*, Routledge, New York, 2014.

Mumford, G. *The Mindful Athlete*: *Secrets to Pure Performance*, Parallax Press, Berkeley, 2015.

Penman, D. *The Art of Breathing*, Conari, Newburyport, MA, 2018.

Pollak, S. M., Pedulla, T., and Siegel, R. D. *Sitting Together*: *Essential Skills for Mindfulness-Based Psychotherapy*, Guilford, New York, 2014.

Rechtschaffen, D. *The Mindful Education Workbook*: *Lessons for Teaching Mindfulness to Students*, W.W. Norton, New York, 2016.

Rechtschaffen, D. *The Way of Mindful Education*: *Cultivating Wellbeing in Teachers and Students*, W.W. Norton, New York, 2014.

Rosenbaum, E. *Being Well* (*Even When You're Sick*): *Mindfulness Practices for People with Cancer and Other Serious Illnesses*, Shambala, Boston, 2012.

Rosenbaum, E. *Here for Now: Living Well with Cancer Through Mindfulness*, Satya House, Hardwick, MA, 2005.

Rossy, L. *The Mindfulness-Based Eating Solution: Proven Strategies to End Overeating, Satisfy Your Hunger, and Savor Your Life*, New Harbinger, Oakland, CA, 2016.

Segal, Z. V., Williams, J.M.G., and Teasdale, J. D. *Mindfulness-Based Cognitive Therapy for Depression: A New Approach to Preventing Relapse*, Guilford, NY, 2002.

Silverton, S. *The Mindfulness Breakthrough: The Revolutionary Approach to Dealing with Stress, Anxiety, and Depression*, Watkins, London, UK, 2012.

Smalley, S. L. and Winston, D. *Fully Present: The Science, Art, and Practice of Mindfulness*, DaCapo, Philadelphia, PA, 2010.

Tolle, E. *The Power of Now*, New World Library, Novato, CA, 1999.

Vo, D. X. *The Mindful Teen: Powerful Skills to Help You Handle Stress One Moment at a Time*, New Harbinger, Oakland, Ca., 2015.

Williams, A. K., Owens, R., and Syedullah, J. *Radical Dharma: Talking Race, Love, and Liberation*, North Atlantic Books, Berkeley, 2016.

Williams, J.M.G., Teasdale, J. D., Segal, Z. V., and Kabat-Zinn, J. *The Mindful Way Through Depression: Freeing Yourself from Chronic Unhappiness*, Guilford, NY, 2007

Williams, M. and Kabat-Zinn, J. (eds.). *Mindfulness: Diverse Perspectives on Its Meaning, Origins, and Applications*, Routledge, Abingdon, UK, 2013.

Williams, M., and Penman, D. *Mindfulness: An Eight-Week Plan for Finding Peace in a Frantic World*, Rodale, 2012.

Williams, M., Fennell, M., Barnhofeer, T., Crane, R., and Silverton, S. *Mindfulness and the Transformation of Despair: Working with People at Risk of Suicide*, Guilford, New York, 2015.

Wright, R. *Why Buddhism Is True: The Science and Philosophy of Meditation and Enlightenment*, Simon & Schuster, 2018.

Yang, L. *Awakening Together: The Spiritual Practice of Inclusivity and Community*, Wisdom, Somerville, MA, 2017.

疗愈

Doidge, N. *The Brain's Way of Healing*: *Remarkable Discoveries and Recoveries from the Frontiers of Neuroplasticity*, Penguin Random House, 2016.

Halpern, S. *The Etiquette of Illness*: *What to Say When You Can't Find the Words*, Bloomsbury, New York, 2004.

Lazare, A. *On Apology*, Oxford, New York, 2004.

Lerner, M. *Choices in Healing*: *Integrating the Best of Conventional and Complementary Approaches to Cancer*, MIT Press, Cambridge, MA, 1994.

Meili, T. *I Am the Central Park Jogger*, Scribner, New York, 2003.

Moyers, B. *Healing and the Mind*, Doubleday, New York, 1993.

Ornish, D. *Love and Survival*: *The Scientific Basis for the Healing Power of Intimacy*, HaperCollins, New York, 1998.

Remen, R. *Kitchen Table Wisdom*: *Stories that Heal*, Riverhead, New York, 1997.

Siegel, D. *The Mindful Brain*: *Reflection and Attunement in the Cultivation of Well-Being*, W.W. Norton, New York, 2007.

Simmons, P. *Learning to Fall*: *The Blessings of an Imperfect Life*, Bantam, New York, 2002.

Tarrant, J. *The Light Inside the Dark*: *Zen, Soul, and the Spiritual Life*, HarperCollins, New York, 1998.

Van der Kolk, B. *The Body Keeps the Score*: *Brain, Mind, and Body in the Healing of Trauma*, Penguin Random House, New York, 2014.

诗歌

Bly, R. *The Soul Is Here for Its Own Joy*, Ecco, Hopewell, NJ, 1995.

Eliot, T. S. *Four Quartets*, Harcourt Brace, New York, 1943, 1977.

Lao-Tzu, *Tao Te Ching* (Stephen Mitchell, transl.), HarperCollins, New York, 1988.

Mitchell, S. *The Enlightened Heart*, Harper & Row, New York, 1989.

Oliver, M. *New and Selected Poems*, Beacon, Boston, 1992.

Tanahashi, K., and Levitt, P. *The Complete Cold Mountain*: *Poems of the Legendary Hermit Hanshan*. Shambhala, Boulder, CO, 2018.

Whyte, D. *The Heart Aroused*: *Poetry and the Preservation of the Soul in Corporate America*, Doubleday, New York, 1994.

其他相关的书

Abram, D. *The Spell of the Sensuous*, Vintage, New York, 1996.

Ackerman, D. *A Natural History of the Senses*, Vintage, New York, 1990.

Bohm, D. *Wholeness and the Implicate Order*, Routledge and Kegan Paul, London, 1980.

Bryson, B. *A Short History of Nearly Everything*, Broadway, New York, 2003.

Davidson, R. J., and Begley, S. *The Emotional Life of Your Brain*, Hudson St. Press, New York, 2012.

Glassman, B. *Bearing Witness*: *A Zen Master's Lessons in Making Peace*, Bell Tower, New York, 1998.

Greene, B. *The Elegant Universe*, Norton, New York, 1999.

Harari, Y. N. *Sapiens*: *A Brief History of Humankind*, HarperCollins, New York, 2015.

Hillman, J. *The Soul's Code*: *In Search of Character and Calling*, Random House, New York, 1996.

Karr-Morse, R., and Wiley, M. S. *Ghosts from the Nursery*: *Tracing the Roots of Violence*, Atlantic Monthly Press, New York, 1997.

Katie, B., and Mitchell, S. *A Mind at Home with Itself*, HarperCollins, New York, 2017.

Kazanjian, V. H., and Laurence, P. L. (eds.). *Education as Transformation*, Peter Lang, New York, 2000.

Kurzweil, R. *The Age of Spiritual Machines*, Viking, New York, 1999.

Luke, H. *Old Age*: *Journey into Simplicity*, Parabola, New York, 1987.

Montague, A. *Touching*: *The Human Significance of the Skin*, Harper & Row, New York, 1978.

Palmer, P. *The Courage to Teach*: *Exploring the Inner Landscape of a Teacher's Life*, Jossey-Bass, San Francisco, 1998.

Pinker, S. *The Better Angles of Our Nature*: *Why Violence Has Declined*, Penguin Random House, New York, 2012.

Pinker, S. *Enlightenment Now*: *The Case for Reason, Science, Humanism, and Progress*, Viking, New York, 2018.

Pinker, S. *How the Mind Works*, Norton, New York, 1997.

Ravel, J.-F. and Ricard, M. *The Monk and the Philosopher*: *A Father and Son*

Discuss the Meaning of Life, Schocken, New York, 1998.

Ricard, M. *Altruism*: *The Power of Compassion to Change Yourself and the World*, Little Brown, New York, 2013.

Ryan, T. *A Mindful Nation*: *How a Simple Practice Can Help Us Reduce Stress, Improve Performance, and Recapture the American Spirit*, Hay House, New York, 2012.

Sachs, J. D. *The Price of Civilization*: *Reawakening American Virtue and Prosperity*, Random House, New York, 2011.

Sachs, O. *The Man Who Mistook His Wife for a Hat*, Touchstone, New York, 1970.

Sachs, O. *The River of Consciousness*, Knopf, New York, 2017.

Sapolsky, R. *Behave*: *The Biology of Humans at Our Best and Worst*, Penguin Random House, New York, 2017.

Scarry, E. *Dreaming by the Book*, Farrar, Straus & Giroux, New York, 1999.

Schwartz, J. M. and Begley, S. *The Mind and the Brain*: *Neuroplasticity and the Power of Mental Force*, HarperCollins, New York, 2002.

Singh, S. *Fermat's Enigma*, Anchor, New York, 1997.

Tanahashi, K. *The Heart Sutra*: *A Comprehensive Guide to the Classic of Mahayana Buddhism*, Shambhala, Boulder, CO, 2016.

Tegmark, M. *Life* 3.0: *Being Human in the Age of Artificial Intelligence*, Knopf, New York, 2017.

Tegmark, M. *The Mathematical Universe*: *My Quest for the Ultimate Nature of Reality*, Knopf, New York, 2014.

正念冥想

《正念：此刻是一枝花》

作者：[美]乔恩·卡巴金 译者：王俊兰

本书是乔恩·卡巴金博士在科学研究多年后，对一般大众介绍如何在日常生活中运用正念，作为自我疗愈的方法和原则，深入浅出，真挚感人。本书对所有想重拾生命瞬息的人士、欲解除生活高压紧张的读者，皆深具参考价值。

《多舛的生命：正念疗愈帮你抚平压力、疼痛和创伤 (原书第2版)》

作者：[美]乔恩·卡巴金 译者：童慧琦 高旭滨

本书是正念减压疗法创始人乔恩·卡巴金的经典著作。它详细阐述了八周正念减压课程的方方面面及其在健保、医学、心理学、神经科学等领域中的应用。正念既可以作为一种正式的心身练习，也可以作为一种觉醒的生活之道，让我们可以持续一生地学习、成长、疗愈和转化。

《穿越抑郁的正念之道》

作者：[美]马克·威廉姆斯 等 译者：童慧琦 张娜

正念认知疗法，融合了东方禅修冥想传统和现代认知疗法的精髓，不但简单易行，适合自助，而且其改善抑郁情绪的有效性也获得了科学证明。它不但是一种有效应对负面事件和情绪的全新方法，也会改变你看待眼前世界的方式，彻底焕新你的精神状态和生活面貌。

《十分钟冥想》

作者：[英]安迪·普迪科姆 译者：王俊兰 王彦又

比尔·盖茨的冥想入门书；《原则》作者瑞·达利欧推崇冥想；远读重洋孙思远、正念老师清流共同推荐；苹果、谷歌、英特尔均为员工提供冥想课程。

《五音静心：音乐正念帮你摆脱心理困扰》

作者：武麟

本书的音乐正念静心练习都是基于碎片化时间的练习，你可以随时随地进行。另外，本书特别附赠作者新近创作的"静心系列"专辑，以辅助读者进行静心练习。

更多>>> 《正念癌症康复》作者：[美]琳达·卡尔森 迈克尔·斯佩卡

静观自我关怀专业手册

作者：［美］ 克里斯托弗·杰默（Christopher Germer）克里斯汀·内夫（Kristin Neff）著

ISBN：978-7-111-69771-8

静观自我关怀（八周课）权威著作

静观自我关怀：勇敢爱自己的51项练习

作者：［美］ 克里斯汀·内夫（Kristin Neff）克里斯托弗·杰默（Christopher Germer）著

ISBN：978-7-111-66104-7

静观自我关怀系统入门练习，循序渐进，从此深深地爱上自己

积极人生

《大脑幸福密码：脑科学新知带给我们平静、自信、满足》

作者：[美] 里克·汉森 译者：杨宁 等

里克·汉森博士融合脑神经科学、积极心理学与进化生物学的跨界研究和实证表明：你所关注的东西便是你大脑的塑造者。如果你持续地让思维驻留于一些好的、积极的事件和体验，比如开心的感觉、身体上的愉悦、良好的品质等，那么久而久之，你的大脑就会被塑造成既坚定有力、复原力强，又积极乐观的大脑。

《理解人性》

作者：[奥] 阿尔弗雷德·阿德勒 译者：王俊兰

"自我启发之父"阿德勒逝世80周年焕新完整译本，名家导读。阿德勒给焦虑都市人的13堂人性课，不论你处在什么年龄，什么阶段，人性科学都是一门必修课，理解人性能使我们得到更好、更成熟的心理发展。

《盔甲骑士：为自己出征》

作者：[美] 罗伯特·费希尔 译者：温旻

从前有一位骑士，身披闪耀的盔甲，随时准备去铲除作恶多端的恶龙，拯救遇难的美丽少女……但久而久之，某天骑士蓦然惊觉生锈的盔甲已成为自我的累赘。从此，骑士开始了解脱盔甲，寻找自我的征程。

《成为更好的自己：许燕人格心理学30讲》

作者：许燕

北京师范大学心理学部许燕教授30年人格研究精华提炼，破译人格密码。心理学通识课，自我成长方法论。认识自我，了解自我，理解他人，塑造健康人格，展示人格力量，获得更佳成就。

《寻找内在的自我：马斯洛谈幸福》

作者：[美] 亚伯拉罕·马斯洛 等 译者：张登浩

豆瓣评分8.6，110个豆列推荐；人本主义心理学先驱马斯洛生前唯一未出版作品；重新认识幸福，支持儿童成长，促进亲密感，感受挚爱的存在。

更多>>>　　《抗逆力养成指南：如何突破逆境，成为更强大的自己》 作者：[美] 阿尔·西伯特
《理解生活》 作者：[美] 阿尔弗雷德·阿德勒
《学会幸福：人生的10个基本问题》 作者：陈赛 主编

心理学大师经典作品

红书
原著：[瑞士] 荣格

寻找内在的自我：马斯洛谈幸福
作者：[美] 亚伯拉罕·马斯洛

抑郁症（原书第2版）
作者：[美] 阿伦·贝克

理性生活指南（原书第3版）
作者：[美] 阿尔伯特·埃利斯 罗伯特·A.哈珀

当尼采哭泣
作者：[美] 欧文·D.亚隆

多舛的生命：
正念疗愈帮你抚平压力、疼痛和创伤（原书第2版）
作者：[美] 乔恩·卡巴金

身体从未忘记：
心理创伤疗愈中的大脑、心智和身体
作者：[美] 巴塞尔·范德考克

部分心理学（原书第2版）
作者：[美] 理查德·C.施瓦茨 玛莎·斯威齐

风格感觉：21世纪写作指南
作者：[美] 史蒂芬·平克

抑郁&焦虑

《拥抱你的抑郁情绪：自我疗愈的九大正念技巧（原书第2版）》
作者：[美] 柯克·D.斯特罗萨尔 帕特里夏·J.罗宾逊 译者：徐守森 宗焱 祝卓宏 等

美国行为和认知疗法协会推荐图书
两位作者均为拥有近30年抑郁康复工作经验的国际知名专家

《走出抑郁症：一个抑郁症患者的成功自救》
作者：王宇

本书从曾经的患者及现在的心理咨询师两个身份与角度撰写，希望能够给绝望中的你一点希望，给无助的你一点力量，能做到这一点是我最大的欣慰。

《抑郁症（原书第2版）》
作者：[美] 阿伦·贝克 布拉德A.奥尔福德 译者：杨芳 等

40多年前，阿伦·贝克这本开创性的《抑郁症》第一版问世，首次从临床、心理学、理论和实证研究、治疗等各个角度，全面而深刻地总结了抑郁症。时隔40多年后本书首度更新再版，除了保留第一版中仍然适用的各种理论，更增强了关于认知障碍和认知治疗的内容。

《重塑大脑回路：如何借助神经科学走出抑郁症》
作者：[美] 亚历克斯·科布 译者：周涛

神经科学家亚历克斯·科布在本书中通俗易懂地讲解了大脑如何导致抑郁，并提供了大量简单有效的生活实用方法，帮助受到抑郁困扰的读者改善情绪，重新找回生活的美好和活力。本书基于新近的神经科学研究，提供了许多简单的技巧，你可以每天"重新连接"自己的大脑，创建一种更快乐、更健康的良性循环。

《重新认识焦虑：从新情绪科学到焦虑治疗新方法》
作者：[美] 约瑟夫·勒杜 译者：张晶 刘睿哲

焦虑到底从何而来？是否有更好的心理疗法来缓解焦虑？世界知名脑科学家约瑟夫·勒杜带我们重新认识焦虑情绪。诺贝尔奖得主坎德尔推荐，荣获美国心理学会威廉·詹姆斯图书奖。

更多>>>

《焦虑的智慧：担忧和侵入式思维如何帮助我们疗愈》 作者：[美] 谢丽尔·保罗
《丘吉尔的黑狗：抑郁症以及人类深层心理现象的分析》 作者：[英] 安东尼·斯托尔
《抑郁是因为我想太多吗：元认知疗法自助手册》 作者：[丹] 皮亚·卡列森

心身健康

《谷物大脑》

作者：[美] 戴维·珀尔玛特 等 译者：温旻

樊登读书解读，《纽约时报》畅销书榜连续在榜55周，《美国出版周报》畅销书榜连续在榜超40周！

好莱坞和运动界明星都在使用无麸质、低碳水、高脂肪的革命性饮食法！

解开小麦、碳水、糖损害大脑和健康的惊人真相，让你重获健康和苗条身材

《菌群大脑：肠道微生物影响大脑和身心健康的惊人真相》

作者：[美] 戴维·珀尔马特 等 译者：张雪 魏宁

超级畅销书《谷物大脑》作者重磅新作！

"所有的疾病都始于肠道。"——希腊名医、现代医学之父希波克拉底

解锁21世纪医学关键新发现——肠道微生物是守护人类健康的超级英雄！

它们维护着我们的大脑及整体健康，重要程度等同于心、肺、大脑

《谷物大脑完整生活计划》

作者：[美] 戴维·珀尔马特 等 译者：阎佳

超级畅销书《谷物大脑》全面实践指南，通往完美健康和理想体重的所有道路，都始于简单的生活方式选择，你的健康命运，全部由你做主

《生酮饮食：低碳水、高脂肪饮食完全指南》

作者：[美] 吉米·摩尔 等 译者：陈晓芮

吃脂肪，让你更瘦、更健康。风靡世界的全新健康饮食方式——生酮饮食。两位生酮饮食先锋，携手22位医学/营养专家，解开减重和健康的秘密

《第二大脑：肠脑互动如何影响我们的情绪、决策和整体健康》

作者：[美] 埃默伦·迈耶 译者：冯任南 李春龙

想要了解自我，从了解你的肠子开始！拥有40年研究经验、脑-肠相互作用研究的世界领导者，深度解读肠脑互动关系，给出兼具科学和智慧洞见的答案

更多>>>

《基因革命：跑步、牛奶、童年经历如何改变我们的基因》 作者：[英] 沙伦·莫勒姆 等 译者：杨涛 吴荆卉
《胆固醇，其实跟你想的不一样！》 作者：[美] 吉米·摩尔 等 译者：周云兰
《森林呼吸：打造舒缓压力和焦虑的家中小森林》 作者：[挪] 约恩·维姆达 译者：吴娟

会有那么一天，

你满心欢喜地

迎接自己，

就站在自家门口，照着镜子，

彼此微笑着迎接对方，

坐吧。享受美食吧。

你会再次爱上这个陌生人——你自己。

斟满美酒。递上面包。将你的心

归还其身，还给那个穷尽一生爱着你的人。

那个你曾因为他人而忽略了的陌生人，

却又对你熟稔于心。

从书架上取下情书，

取下照片和绝望的字条，

剥去镜中自己的形象。

坐下。尽情享受你的生活。

——德里克·沃尔科特，《爱无止境》

作者简介

乔恩·卡巴金（Jon Kabat-Zinn），博士，享誉全球的正念大师、"正念减压疗法"创始人、科学家和作家。马萨诸塞大学医学院医学名誉教授，创立了正念减压（Mindfulness-Based Stress Reduction，简称MBSR）课程、减压门诊以及医学、保健和社会正念中心。

卡巴金在诺贝尔奖得主萨尔瓦多·卢瑞亚的指导下，于1971年获得麻省理工学院分子生物学博士学位。他的研究生涯专注于身心相互作用的疗愈力量，以及正念冥想训练在慢性疼痛和压力相关疾病的患者身上的临床应用。卡巴金博士的工作促进了正念运动在全世界的发展，使正念得以融入主流社会和其他不同领域与机构，诸如医学、心理学、保健、职业体育、学校、企业、监狱等。现在世界各地的医院和医疗中心都有正念干预和正念减压课程的临床应用。

卡巴金博士因其在正念和身心健康方面的卓越成就，屡获殊荣：1998年，获得加利福尼亚旧金山太平洋医疗中心健康与康复研究所的"艺术、科学和心灵治疗奖"；2001年，因在整合医学领域的开创性工作获得加利福尼 亚州拉霍亚斯克里普斯中心的"第二届年度开拓者奖"；2005 年，获得行为与认知疗法协会的"杰出朋友奖"；2007年，获得布拉维慈善整合医学合作整合医学开拓者先锋奖；2008年，获得意大利都灵大学认知科学中心的"思维与脑奖"；2010年，获得禅学促进协会的"西方社会采纳佛学先锋奖"。